Peter Dörsam

Mathematik
in den Wirtschaftswissenschaften
Aufgabensammlung mit Lösungen

Über 100 grundlegende Klausuraufgaben mit
ausführlichen Lösungsvorschlägen

4., überarbeitete und erweiterte Auflage

PD-Verlag Heidenau

Die Deutsche Bibliothek – CIP-Einheitsaufnahme

Dörsam, Peter:
Mathematik in den Wirtschaftswissenschaften :
Aufgabensammlung mit Lösungen ; über 100 grundlegende
Klausuraufgaben mit ausführlichen Lösungsvorschlägen / Peter
Dörsam. – 4., überarb. und erw. Aufl. – Heidenau : PD-Verl.,
1998
ISBN 3-930737-14-0

1. Auflage Januar 1995 (ISBN 3-930737-10-8)
2., überarbeitete Auflage Oktober 1995 (ISBN 3-930737-12-4)
3., überarbeitete und erweiterte Auflage November 1996 (ISBN 3-930737-13-2)
4., überarbeitete und erweiterte Auflage April 1998

© Copyright 1998 by PD-Verlag, Everstorfer Str.19, 21258 Heidenau,
Tel. 04182/401037, FAX: 04182/401038
Druck: Druckerei & Verlag Steinmeier, Nördlingen

Das Werk, einschließlich aller Abbildungen, ist urheberrechtlich geschützt. Jede Verwertung außerhalb der Grenzen des Urhebergesetzes ist ohne Zustimmung des Verlages unzulässig und strafbar.
ISBN 3-930737-14-0

Vorwort

In der 3. Auflage wurden einige Aufgaben ergänzt, und es wurde ein Abschnitt zur linearen Optimierung aufgenommen. In dieser 4. Auflage wurden nochmals neue Aufgaben zu verschiedenen Gebieten hinzugefügt. Außerdem wurde die Hauptstruktur der Gliederung an den Titel "Mathematik – anschaulich dargestellt – für Studierende der Wirtschaftswissenschaften" angeglichen.

Die angeführten Aufgaben sollten keinesfalls so begriffen werden, daß man sich einfach nur die Lösungen anschaut. Ein wirklich nachhaltiger Lerneffekt wird sich nur einstellen, wenn man zuerst versucht, die Aufgaben selbst zu lösen. Erst wenn man an einer Stelle längere Zeit nicht weiterkommt, sollte man sich die Lösungsvorschläge anschauen.

Die Lösungsvorschläge sind meistens sehr ausführlich, so ausführlich brauchen die Aufgaben in der Regel in den Klausuren nicht gelöst zu werden – und es sind natürlich nur Lösungsvorschläge. Häufig lassen sich die Aufgaben auch anders lösen, und wer meint, andere Verfahren als die hier benutzten besser zu beherrschen, sollte diese anwenden. Allerdings ist darauf zu achten, daß bisweilen in den Klausuren bestimmte Lösungsverfahren gefordert werden. So wird z.B. bei Linearen Gleichungssystemen häufig gefordert, daß diese mit dem Gauß-Algorithmus gelöst werden sollen.

Trotz aller Sorgfalt können sich Fehler eingeschlichen haben – für entsprechende Hinweise bin ich jederzeit dankbar.

Eine relativ anschauliche Darstellung des Stoffes findet sich in meinem Buch "Mathematik – anschaulich dargestellt – für Studierende der Wirtschaftswissenschaften".

Vielen Dank an dieser Stelle an Matthias Brückner, Malte Claußen und Renate Dörsam für die Durchsicht und Hinweise zur Verbesserung.

Vielen Dank auch an alle Studierenden aus meinen Mathekursen, die mir Hinweise auf Fehler oder Verbesserungsvorschläge gaben.

Peter Dörsam

Inhaltsverzeichnis

1 Lineare Algebra — 5
- 1.1 Matrizen-Multiplikation — 5
- 1.2 Formale Auflösung von Matrizen-Gleichungen — 14
- 1.3 Lineare Abhängigkeit — 21
- 1.4 Vektorräume — 25
- 1.5 Determinanten, Rang, Inverse — 37
- 1.6 Lineare Gleichungssysteme (Gauß-Algorithmus) — 49
- 1.7 Weitere Aufgaben der linearen Algebra — 60
- 1.8 Lineare Optimierung — 63

2 Grenzwerte — 70

3 Differentialrechnung einer Veränderlichen — 76
- 3.1 Bestimmung von Extremwerten — 76
- 3.2 Weitere Aufgaben zur Differentialrechnung — 86

4 Integralrechnung — 88

5 Differentialrechnung mehrerer Veränderlicher — 97
- 5.1 Partielle Ableitungen /Totales Differential — 97
- 5.2 Extremwerte von Funktionen mit mehreren Variablen — 100
- 5.3 Lagrangemethode — 106
- 5.4 Abbildungen in den $\mathbb{R}^n$ — 115

6 Differentialgleichungen — 118

7 Finanzmathematik — 123

8 Index — 127

1 Lineare Algebra

1.1 Matrizen-Multiplikation

1.1.A Gegeben sind die Matrizen:

$$A = \begin{pmatrix} 1 & 2 \\ 0 & 0 \\ 1 & 3 \end{pmatrix} \qquad B = \begin{pmatrix} 2 & 1 \\ 0 & 1 \\ 1 & 0 \end{pmatrix} \qquad C = \begin{pmatrix} 1 \\ 2 \\ 3 \end{pmatrix}$$

Berechnen Sie $A * B^T * C$ und $B * A^T * C$!

1.1.B Ein Betrieb stellt zwei Typen von Endprodukten E_1 und E_2 aus vier verschiedenen Zwischenprodukten Z_1, Z_2, Z_3, Z_4 her. Die Zwischenprodukte werden aus den drei Rohstoffen R_1, R_2, R_3 gefertigt. Die Produktionskoeffizienten sind in den Tabellen A und B zusammengestellt:

A	Z_1	Z_2	Z_3	Z_4
R_1	1	5	3	0
R_2	4	8	0	9
R_3	0	3	6	5

B	E_1	E_2
Z_1	4	7
Z_2	3	1
Z_3	2	5
Z_4	8	3

Sie geben an, wieviele Einheiten eines Rohstoffes zur Herstellung einer Zwischenprodukteinheit und wieviele Einheiten eines Zwischenproduktes zur Herstellung einer Endprodukteinheit benötigt werden. Bestimmen Sie mit Hilfe der Matrizenrechnung für jede Endprodukteinheit von E_1, E_2 die zugehörige Anzahl der verschiedenen erforderlichen Rohstoffeinheiten.

1.1.C Gegeben seien die Matrizen

$$A = \begin{pmatrix} 1 & -1 & 2 \\ 0 & 3 & 4 \end{pmatrix} \qquad B = \begin{pmatrix} 2 \\ -1 \\ 3 \end{pmatrix}$$

Berechnen Sie $A * B * B^T$ und $A * A^T * A$!

1.1.D Gegeben sind der Vektor $x^T = (1, 1, 3)$ und die Matrix $M = \begin{pmatrix} 1 & 1 & 2 \\ 1 & 2 & 1 \\ 2 & 1 & 1 \end{pmatrix}$

Berechnen Sie die Produkte $x^T M$, Mx, $x^T M^2 x$, und $Mxx^T M$.

1.1.E Ein Betrieb stellt drei Erzeugnisse her, die auf vier Maschinen bearbeitet werden. Die Maschinenzeit je Erzeugniseinheit und die Produktionsmenge sind der folgenden Tabelle zu entnehmen:

Maschinen	Maschinenzeit je Einheit des Erzeugnisses, (ZE/ME)		
	1	2	3
1	3	7	2
2	1	4	3
3	2	3	5
4	6	1	4
Produktionsmenge (ME)	x_1	x_2	x_3

$= A$

Berechnen und interpretieren Sie die folgenden Größen.
Dabei ist x in b) und c) gegeben durch $x=(x_1, x_2, x_3) = (100, 30, 150)$
a) $(1\ 1\ 1\ 1) * A$
b) $A * x^T$
c) $(1\ 1\ 1\ 1) * A * x^T$

1.1.F Welche Wirkung hat die Matrix

$$E_{13}(5) = \begin{pmatrix} 1 & 0 & 5 \\ 0 & 1 & 0 \\ 0 & 0 & 1 \end{pmatrix} \text{ auf die Matrix } A = \begin{pmatrix} a_{11} & a_{12} & a_{13} \\ a_{21} & a_{22} & a_{23} \\ a_{31} & a_{32} & a_{33} \end{pmatrix}$$

,wenn A von a) links, b) rechts mit $E_{13}(5)$ multipliziert wird.

1.1.G Die beiden (3,3) Matrizen $A=(a_{ij})$, $B=(b_{ij})$ i,j = 1,2,3, seien durch $a_{ij} = i^2 - j$, $b_{ij} = i - j^2$ definiert.
Geben Sie A und B explizit an, und berechnen Sie
$A + B^T$, AA^T, und $B^T B$.

1.1.H Gegeben seien die Matrizen $U = \begin{pmatrix} 0 & 0 & 1 & 2 \\ 3 & 0 & 0 & 1 \\ 2 & 3 & 0 & 0 \\ 1 & 2 & 3 & 0 \end{pmatrix}$

$V^T = (-2, 0, 2, 3)$ und $W^T = (1, -1, 1, -1)$

Berechnen Sie a) $W^T U V$ b) $V^T U^T W$ und c) $V W^T$

1.1.I Gegeben seien die Matrizen

$A = \begin{pmatrix} 1 & 3 \\ 5 & 3 \end{pmatrix}$ und $B = \begin{pmatrix} 1 & 0 & 3 \\ 0 & 2 & 0 \end{pmatrix}$

Es seien X und E (2, 2)-Matrizen, wobei E die Einheitsmatrix ist. Berechnen Sie f(A) für $f(X) = X^2 - 4X - 12E$ und $(AB)^T - B^T A$

Lösungsvorschläge zu 1.1:

1.1.A Die Berechnungen erfolgen nach dem Falkschen Schema; da das Matrizenprodukt assoziativ ist, ist es egal, ob zuerst das erste oder das zweite Produkt berechnet wird (die Reihenfolge muß allerdings beachtet werden). Im folgenden wird jeweils das erste Produkt zuerst berechnet. Das Ergebnis der ersten Multiplikation wird dann mit der dritten Matrix multipliziert.

```
                    B^T        C
                              1
                  2 0 1      2
                  1 1 0      3
        1 2    4 2 1       11
     A  0 0    0 0 0        0       = A * B^T * C
        1 3    5 3 1       14
```

```
                              1
                  1 0 1      2
                  2 0 3      3
        2 1    4 0 5       19
        0 1    2 0 3       11       = B * A^T * C
        1 0    1 0 1        4
```

1.1.B Hier müssen einfach die beiden Matrizen miteinander multipliziert werden.

$$A * B = \begin{pmatrix} 25 & 27 \\ 112 & 63 \\ 61 & 48 \end{pmatrix}$$

Diese Matrix ergibt in Tabellenform:

	E_1	E_2
R_1	25	27
R_2	112	63
R_3	61	48

Die Werte in der Tabelle geben an, wieviel Einheiten des jeweiligen Rohstoffes für das jeweilige Endprodukt benötigt werden.

1.1.C

$$
\begin{array}{c|c}
 & \begin{array}{r} 2 \\ -1 \\ 3 \end{array} \\
\hline
\begin{array}{rrr} & & \\ 1 & -1 & 2 \\ 0 & 3 & 4 \end{array} & \begin{array}{r} 9 \\ 9 \end{array}
\end{array}
\begin{array}{c|rrr}
 & 2 & -1 & 3 \\
\hline
9 & 18 & -9 & 27 \\
9 & 18 & -9 & 27
\end{array}
\quad = A * B * B^T
$$

$$
\begin{array}{c|cc}
 & 1 & 0 \\
 & -1 & 3 \\
 & 2 & 4 \\
\hline
\begin{array}{rrr} 1 & -1 & 2 \\ 0 & 3 & 4 \end{array} & \begin{array}{rr} 6 & 5 \\ 5 & 25 \end{array}
\end{array}
\begin{array}{c|ccc}
 & 1 & -1 & 2 \\
 & 0 & 3 & 4 \\
\hline
\begin{array}{rr} 6 & 5 \\ 5 & 25 \end{array} & \begin{array}{rrr} 6 & 9 & 32 \\ 5 & 70 & 110 \end{array}
\end{array}
\quad = A * A^T * A
$$

1.1.D Es ergibt sich:

$$
\begin{array}{c|ccc}
 & 1 & 1 & 2 \\
 & 1 & 2 & 1 \\
 & 2 & 1 & 1 \\
\hline
\begin{array}{ccc} 1 & 1 & 3 \end{array} & (8 & 6 & 6)
\end{array}
\quad = x^T M
$$

$$
\begin{array}{c|c}
 & \begin{array}{c} 1 \\ 1 \\ 3 \end{array} \\
\hline
\begin{array}{ccc} 1 & 1 & 2 \\ 1 & 2 & 1 \\ 2 & 1 & 1 \end{array} & \begin{pmatrix} 8 \\ 6 \\ 6 \end{pmatrix}
\end{array}
\quad = Mx
$$

Bei den nachfolgenden Berechnungen werden die Terme zunächst umgeformt. Mittels der zuvor berechneten Ausdrücke kann die Rechnung dann vereinfacht werden.

$$x^T M^2 x = x^T M M x = (x^T M)(M x) \quad \text{(denn es gilt das Assoziativgesetz)}$$

$$
\Rightarrow \quad
\begin{array}{c|c}
 & \begin{array}{c} 8 \\ 6 \\ 6 \end{array} \quad Mx \\
\hline
x^T M \quad \begin{array}{ccc} 8 & 6 & 6 \end{array} & 64 + 36 + 36 = \mathbf{136} = x^T M^2 x
\end{array}
$$

$Mxx^TM = (Mx)(x^TM)$

$$\begin{array}{c|ccc} & & x^TM & \\ & 8 & 6 & 6 \\ \hline & 64 & 48 & 48 \\ Mx \quad 6 & 48 & 36 & 36 \\ 6 & 48 & 36 & 36 \end{array} = Mxx^TM$$

1.1.E

$$\begin{array}{cccc|ccc} & & & & 3 & 7 & 2 \\ & & & & 1 & 4 & 3 \\ & & & & 2 & 3 & 5 \\ & & & & 6 & 1 & 4 \\ \hline 1 & 1 & 1 & 1 & (12 & 15 & 14) \end{array} = (1\ 1\ 1\ 1) * A$$

Für die einzelnen Erzeugnisse werden die Maschinenlaufzeiten der verschiedenen Maschinen, jeweils für die Produktion eines Erzeugnisses, addiert. Der Ergebnisvektor gibt also an, wieviel Maschinenlaufzeit, auf allen Maschinen zusammen, das jeweilige Erzeugnis benötigt. Für die Produktion des zweiten Erzeugnisses werden z. B. insgesamt 15 Maschinenstunden benötigt.

b) $A * x^T$:

$$\begin{array}{ccc|c} & & & 100 \\ & & & 30 \\ & & & 150 \\ \hline 3 & 7 & 2 & 810 \\ 1 & 4 & 3 & 670 \\ 2 & 3 & 5 & 1040 \\ 6 & 1 & 4 & 1230 \end{array}$$

Für die einzelnen Machinen werden die Maschinenlaufzeiten für die verschiedenen Produkte addiert. Es ergibt sich die bei der gegebenen Produktionsmenge insgesamt erforderliche Maschinenlaufzeit für die jeweilige Maschine.

c) $(1\ 1\ 1\ 1) * A * x^T = (1\ 1\ 1\ 1) * (A * x^T)$

$(A * x^T)$ wurde zuvor bereits berechnet, somit ergibt sich:

1.1 Matrizenrechnung

				810
				670
				1040
				1230
1	1	1	1	3750

Die Maschinenlaufzeiten der einzelnen Maschinen werden addiert, somit ergibt sich die Laufzeit aller Maschinen zusammen bei der gegebenen Produktionsmenge.

1.1.F $E_{13}(5)$ ist die Einheitsmatrix, bei der in der ersten Zeile und dritten Spalte die Null durch eine 5 ersetzt wurde.

a) A soll von links mit $E_{13}(5)$ multipliziert werden, also ist $E_{13}(5) * A$ zu berechnen.

			a_{11}	a_{12}	a_{13}
			a_{21}	a_{22}	a_{23}
			a_{31}	a_{32}	a_{33}
1	0	5	$a_{11}+5a_{31}$	$a_{12}+5a_{32}$	$a_{13}+5a_{33}$
0	1	0	a_{21}	a_{22}	a_{23}
0	0	1	a_{31}	a_{32}	a_{33}

Es wird also gerade zur ersten Zeile jeweils das 5-fache der 3. Zeile addiert.

b) Analog zu a) ergibt sich, daß jeweils zur dritten Spalte das 5-fache der 1. Spalte addiert wird.

1.1.G Hier sollen zunächst die Matrizen explizit angegeben werden. Dies bedeutet, daß die Elemente (a_{11}.......a_{33}) gemäß der gegebenen Definition berechnet werden müssen.

$a_{ij} = i^2 - j$ ergibt: $a_{11} = 1^2 - 1 = 0$, $a_{12} = 1^2 - 2 = -1$ usw.

Insgesamt ergibt sich:

$$A = \begin{pmatrix} 0 & -1 & -2 \\ 3 & 2 & 1 \\ 8 & 7 & 6 \end{pmatrix} \quad \text{und} \quad B = \begin{pmatrix} 0 & -3 & -8 \\ 1 & -2 & -7 \\ 2 & -1 & -6 \end{pmatrix}$$

$\Rightarrow A + B^T = 0$, denn für die Matrizen gilt $A = -B^T$

$$AA^T \begin{array}{|ccc} & 0 & 3 & 8 \\ & -1 & 2 & 7 \\ & -2 & 1 & 6 \end{array}$$

$$\begin{array}{ccc|} 0 & -1 & -2 \\ 3 & 2 & 1 \\ 8 & 7 & 6 \end{array} \begin{pmatrix} 5 & -4 & -19 \\ -4 & 14 & 44 \\ -19 & 44 & 149 \end{pmatrix} = AA^T$$

B^TB kann genauso wie zuvor berechnet werden, es geht aber auch einfacher, denn es gilt:

$$B^TB = (-A)(-A^T) = AA^T = \begin{pmatrix} 5 & -4 & -19 \\ -4 & 14 & 44 \\ -19 & 44 & 149 \end{pmatrix}$$

1.1.H a)

$$\begin{array}{c|cccc|c} & 0 & 0 & 1 & 2 & -2 \\ & 3 & 0 & 0 & 1 & 0 \\ & 2 & 3 & 0 & 0 & 2 \\ & 1 & 2 & 3 & 0 & 3 \\ \hline 1\ -1\ 1\ -1 & -2 & 1 & -2 & 1 & 3 \end{array} = W^T * U * V$$

b)

$$\begin{array}{c|cccc|c} & 0 & 3 & 2 & 1 & 1 \\ & 0 & 0 & 3 & 2 & -1 \\ & 1 & 0 & 0 & 3 & 1 \\ & 2 & 1 & 0 & 0 & -1 \\ \hline -2\ 0\ 2\ 3 & 8 & -3 & -4 & 4 & 3 \end{array} = V^T * U^T * W$$

Alternativ hätte man mittels des Ergebnisses aus a) auch folgende Rechnung durchführen können:

$$3^T = (W^T * U * V)^T = V^T * (W^T * U)^T = V^T * U^T * W$$

Also: $\quad V^T * U^T * W = 3^T = 3$

c)

$$VW^T \begin{array}{c|cccc} & 1 & -1 & 1 & -1 \\ \hline -2 & -2 & 2 & -2 & 2 \\ 0 & 0 & 0 & 0 & 0 \\ 2 & 2 & -2 & 2 & -2 \\ 3 & 3 & -3 & 3 & -3 \end{array}$$

1.1.I $f(A) = A^2 - 4A - 12E$

$$f(A) = \begin{pmatrix} 1 & 3 \\ 5 & 3 \end{pmatrix}^2 - 4*\begin{pmatrix} 1 & 3 \\ 5 & 3 \end{pmatrix} - 12*\begin{pmatrix} 1 & 0 \\ 0 & 1 \end{pmatrix}$$

$$\begin{array}{c|cc}
 & 1 & 3 \\
 & 5 & 3 \\
\hline
\begin{matrix}1 & 3\\5 & 3\end{matrix} & 16 & 12 \\
 & 20 & 24
\end{array} = A^2$$

$$\Rightarrow \begin{pmatrix} 16 & 12 \\ 20 & 24 \end{pmatrix} - \begin{pmatrix} 4 & 12 \\ 20 & 12 \end{pmatrix} - \begin{pmatrix} 12 & 0 \\ 0 & 12 \end{pmatrix} = \begin{pmatrix} 0 & 0 \\ 0 & 0 \end{pmatrix}$$

$$\begin{array}{c|ccc}
 & 1 & 0 & 3 \\
 & 0 & 2 & 0 \\
\hline
\begin{matrix}1 & 3\\5 & 3\end{matrix} & \begin{matrix}1\\5\end{matrix} & \begin{matrix}6\\6\end{matrix} & \begin{matrix}3\\15\end{matrix}
\end{array} = A*B$$

$$\begin{array}{c|cc}
 & 1 & 3 \\
 & 5 & 3 \\
\hline
\begin{matrix}1 & 0\\0 & 2\\3 & 0\end{matrix} & \begin{matrix}1\\10\\3\end{matrix} & \begin{matrix}3\\6\\9\end{matrix}
\end{array} = B^T*A$$

$$(AB)^T - B^T A = \begin{pmatrix} 1 & 5 \\ 6 & 6 \\ 3 & 15 \end{pmatrix} - \begin{pmatrix} 1 & 3 \\ 10 & 6 \\ 3 & 9 \end{pmatrix} = \begin{pmatrix} 0 & 2 \\ -4 & 0 \\ 0 & 6 \end{pmatrix}$$

1.2 Formale Auflösung von Matrizen-Gleichungen

1.2.A Es seien A, B und X (n, n)-Matrizen, wobei A und B nichtsingulär sind. Lösen Sie die folgende Gleichung nach X auf:

$A(X + B) = BX$.

1.2.B Es seien A, B, X und E (n, n) - Matrizen, wobei E die Einheitsmatrix ist. Lösen Sie formal die Matrixgleichung
$AX + X = B(E - X)$ nach X auf.

1.2.C Lösen Sie die Matrizengleichung

$(AX - B)^T - 4X = B + (AX)^T - ABX$ formal nach X auf.

1.2.D Man löse die folgende Matrixgleichung formal nach X auf
(I = Einheitsmatrix):

$AX + (X - I)^2 = X + X^2$

1.2.E Die Matrizen X und A seien invertierbar, und A sei außerdem symmetrisch. Lösen Sie unter diesen Voraussetzungen die Matrizengleichung

$X(I + AX) = ((A - I)X^T)^T$ nach X auf.

1.2.F Es seien A, B, C und X (n, n)-Matrizen, wobei A, B und C nichtsingulär sind. Lösen Sie die folgenden Gleichungen nach X auf:

1.2.F.1 $A * X * B = C * B$ (3 Punkte)

1.2.F.2 $\begin{pmatrix} 1 & 2 \\ 1 & 0 \end{pmatrix} - X * \begin{pmatrix} 1 & 1 \\ 1 & 0 \end{pmatrix} + \begin{pmatrix} 1 & 2 \\ 1 & 0 \end{pmatrix} * X = \begin{pmatrix} 0 & 3 \\ 1 & 1 \end{pmatrix}$

1.2.G Es seien A, B, C und X (n, n)-Matrizen.
Lösen Sie die Matrizengleichung $A(X+B)^T = (XC)^T$
formal nach X auf.

1.2.H Sei $F = (X^TX)^{-1}X^T$

Zeigen Sie, daß $(FF^T)^{-1}$ durch ein geeignetes Produkt, bestehend nur aus den beiden Matrizen X^T und X, darstellbar ist.

1.2.I Lösen Sie die Matrizengleichung

$$(A + X)^2 = (X - I)^2 + ((A - I)^TX^T)^T$$

formal nach X auf. I ist die identische bzw. Einheitsmatrix.

1.2.J Gegeben seien die Matrizen

$$A = \begin{pmatrix} 1 & 0 \\ 1 & -1 \end{pmatrix} \quad B = \begin{pmatrix} 2 & 1 \\ -1 & 1 \end{pmatrix} \quad C = \begin{pmatrix} 1 & 2 \\ 3 & 4 \end{pmatrix}$$

und die Matrizengleichung $\quad BX + A^T = 2(X - C)$
Lösen Sie die Matrizengleichung formal nach X auf, und berechnen Sie dann X.

Lösungsvorschläge zu 1.2:

Die Gleichungen müssen zunächst so umgeformt werden, daß alle Terme mit X auf der einen Seite und alle Terme ohne X auf der anderen Seite stehen. Danach wird X ausgeklammert und die Gleichung anschließend mit dem Inversen des bei X verbliebenen Terms multipliziert. Da die Matrizenmultiplikation nicht kommutativ ist, muß natürlich bei dem Ausklammern und der Multiplikation der Gleichung mit Matrizen zwischen der Multiplikation von rechts und von links unterschieden werden. Bei den ersten beiden Aufgaben gilt es lediglich, die zuvor beschriebenen Schritte durchzuführen. Bei den nachfolgenden Aufgaben treten zusätzliche Problemstellungen auf. Hinter dem senkrechten Strich am Ende der Gleichungen wird angegeben, welche Operation mit den Gleichungen durchgeführt wird.

1.2.A $\quad A(X + B) = BX$

$\Leftrightarrow AX + AB = BX \quad | -BX - AB$

$\Leftrightarrow AX - BX = -AB$

$\Leftrightarrow (A - B)X = -AB \quad | *(A - B)^{-1}$ von links

$\Leftrightarrow \quad\quad X = -(A - B)^{-1} * AB$

1.2.B $AX + X = B(E - X)$

$\Leftrightarrow AX + X = BE - BX \mid + BX$

$\Leftrightarrow AX + X + BX = B$

$\Leftrightarrow (A + E + B)X = B \mid *(A + E + B)^{-1}$ von links

$\Leftrightarrow \mathbf{X = (A + E + B)^{-1} * B}$

1.2.C Zunächst werden die "T's" in die Klammern hineingezogen. Bei einer Summe oder einer Differenz (+ oder -) kann das "T" einfach auf die einzelnen Terme angewendet werden, bei einem Produkt muß beim Anwenden des "T's" auf die einzelnen Faktoren die Reihenfolge der Faktoren vertauscht werden. (Die Sinnhaftigkeit dieser Regeln kann man an einfachen Beispielen leicht nachrechnen.) Da sich auf beiden Seiten die gleichen Produkte ergeben, brauchen die Produkte hier aber nicht weiter aufgelöst zu werden:

$(AX - B)^T - 4X = B + (AX)^T - ABX$

$\Leftrightarrow (AX)^T - B^T - 4X = B + (AX)^T - ABX \mid -(AX)^T$

$\Leftrightarrow - B^T - 4X = B - ABX \mid +B^T + ABX$

$\Leftrightarrow ABX - 4X = B + B^T$ beim Ausklammern muß bei der 4 eine Einheitsmatrix (I) ergänzt werden

$\Leftrightarrow (AB - 4I)X = B + B^T \mid *(AB - 4I)^{-1}$ von links

$\Leftrightarrow X = (AB - 4I)^{-1} * (B + B^T)$

1.2.D Zunächst müssen die Klammern aufgelöst werden:

$AX + (X - I)^2 = X + X^2$

$\Leftrightarrow AX + (X - I) * (X - I) = X + X^2$

$\Leftrightarrow AX + X^2 - X*I - I*X + I^2 = X + X^2$

$\Leftrightarrow AX + X^2 - X - X + I = X + X^2$

$\Leftrightarrow AX + X^2 - 2X + I = X + X^2 \mid -X - X^2 - I$

$\Leftrightarrow AX - 3X = -I$

$\Leftrightarrow (A - 3I)X = -I \mid *(A - 3I)^{-1}$

$\Leftrightarrow X = -(A - 3I)^{-1}$

1.2.E $X(I + AX) = ((A - I)X^T)^T$

$\Leftrightarrow X(I + AX) = X (A - I)^T$

$\Leftrightarrow X(I + AX) = X (A^T - I^T)$ Nach Voraussetzung gilt $A^T = A$, und stets gilt $I^T = I$

$\Leftrightarrow X(I + AX) = X (A - I) \mid *X^{-1}$ (von links malnehmen)

$\Leftrightarrow I + AX = A - I \mid -I$

$\Leftrightarrow AX = A - 2I \mid *A^{-1}$ (von links malnehmen)

$\Leftrightarrow X = A^{-1} * (A - 2I) = I - 2 A^{-1}$

1.2.F Daß die Matrizen nichtsingulär sind, ist gleichbedeutend damit, daß sie invertierbar sind. Die erste Teilaufgabe läßt sich sehr einfach lösen:

1.2.F.1 $A * X * B = C * B \mid * B^{-1}$ von rechts

$\Leftrightarrow A * X = C \quad \mid * A^{-1}$ von links

$\Leftrightarrow X = A^{-1} * C$

1.2.F.2 Diese Aufgabe ist etwas schwieriger als die anderen, denn hier kann X nicht formal durch Auflösen nach X bestimmt werden. Da X einmal von links und einmal von rechts mit einer anderen Matrix multipliziert wird, kann es nicht einfach ausgeklammert werden.

$$\begin{pmatrix} 1 & 2 \\ 1 & 0 \end{pmatrix} - X * \begin{pmatrix} 1 & 1 \\ 1 & 0 \end{pmatrix} + \begin{pmatrix} 1 & 2 \\ 1 & 0 \end{pmatrix} * X = \begin{pmatrix} 0 & 3 \\ 1 & 1 \end{pmatrix}$$

In der Aufgabenstellung stand, daß X eine (n, n)-Matrix ist. Also muß es sich in diesem Aufgabenteil um eine (2, 2)-Matrix handeln, denn sonst könnten die Multiplikationen nicht ausgeführt werden. Wenn man X nun als zunächst unbekannte (2, 2)-Matrix ansetzt, lautet die Gleichung:

$$\begin{pmatrix} 1 & 2 \\ 1 & 0 \end{pmatrix} - \begin{pmatrix} x_{11} & x_{12} \\ x_{21} & x_{22} \end{pmatrix} * \begin{pmatrix} 1 & 1 \\ 1 & 0 \end{pmatrix} + \begin{pmatrix} 1 & 2 \\ 1 & 0 \end{pmatrix} * \begin{pmatrix} x_{11} & x_{12} \\ x_{21} & x_{22} \end{pmatrix} = \begin{pmatrix} 0 & 3 \\ 1 & 1 \end{pmatrix}$$

Die Matrizenprodukte können nun berechnet werden:

$$\begin{array}{c|cc} & 1 & 1 \\ & 1 & 0 \\ \hline x_{11}\ x_{12} & x_{11}+x_{12} & x_{11} \\ x_{21}\ x_{22} & x_{21}+x_{22} & x_{21} \end{array} \qquad \begin{array}{c|cc} & x_{11} & x_{12} \\ & x_{21} & x_{22} \\ \hline 1\ \ 2 & x_{11}+2x_{21} & x_{12}+2x_{22} \\ 1\ \ 0 & x_{11} & x_{12} \end{array}$$

Somit ergibt sich:

$$\begin{pmatrix} 1 & 2 \\ 1 & 0 \end{pmatrix} - \begin{pmatrix} x_{11}+x_{12} & x_{11} \\ x_{21}+x_{22} & x_{21} \end{pmatrix} + \begin{pmatrix} x_{11}+2x_{21} & x_{12}+2x_{22} \\ x_{11} & x_{12} \end{pmatrix} = \begin{pmatrix} 0 & 3 \\ 1 & 1 \end{pmatrix}$$

$$\Leftrightarrow -\begin{pmatrix} x_{11}+x_{12} & x_{11} \\ x_{21}+x_{22} & x_{21} \end{pmatrix} + \begin{pmatrix} x_{11}+2x_{21} & x_{12}+2x_{22} \\ x_{11} & x_{12} \end{pmatrix} = \begin{pmatrix} -1 & 1 \\ 0 & 1 \end{pmatrix}$$

Eine Matrizengleichung muß immer in allen Komponenten gelten, somit ergeben sich 4 Gleichungen, die erfüllt sein müssen:

$$-x_{11}-x_{12}+x_{11}+2x_{21} = -1$$
$$-x_{11}+x_{12}+2x_{22} = 1$$
$$-x_{21}-x_{22}+x_{11} = 0$$
$$-x_{21}+x_{12} = 1$$

Die erste Gleichung ergibt vereinfacht:

$$-x_{12}+2x_{21} = -1$$

Addiert man nun zu dieser Gleichung die vierte Gleichung, ergibt sich:

$$-x_{12}+2x_{21} = -1$$
$$+(-x_{21}+x_{12} = 1)$$
$$x_{21} = 0$$

Setzt man dieses wieder in die erste Gleichung ein, folgt:

$$-x_{12}+2*0 = -1 \Leftrightarrow x_{12} = 1$$

Nun werden diese beiden Resultate in die zweite und dritte Gleichung eingesetzt:

$$-x_{11}+1+2x_{22} = 1$$
$$0-x_{22}+x_{11} = 0$$

Die Addition der beiden Gleichungen ergibt:

$$1+x_{22}=1 \Leftrightarrow x_{22}=0$$

Insgesamt ergibt sich für X also:

$$X = \begin{pmatrix} 0 & 1 \\ 0 & 0 \end{pmatrix}$$

1.2.G Am geschicktesten wird hier zunächst die ganze Gleichung transponiert:

$A(X+B)^T = (XC)^T \mid T$

$\Leftrightarrow (X+B)A^T = XC \Leftrightarrow XA^T - XC = -BA^T$

$\Leftrightarrow X(A^T-C) = -BA^T \mid *(A^T-C)^{-1}$ von rechts

$\Leftrightarrow X = -BA^T * (A^T-C)^{-1}$

1.2.H Zunächst wird F vereinfacht. Es gilt bei Matrizen
$(AB)^{-1} = B^{-1}A^{-1}$

$\Rightarrow F = (X^TX)^{-1}X^T$

$= X^{-1}(X^T)^{-1}X^T$

$= X^{-1}I = X^{-1}$

Somit ergibt sich für $(FF^T)^{-1}$

$(FF^T)^{-1} = \left(X^{-1}(X^{-1})^T\right)^{-1} = \left((X^{-1})^T\right)^{-1}(X^{-1})^{-1}$

$= X^TX$

1.2.I $(A + X)^2 = (X - I)^2 + ((A - I)^T X^T)^T$

$\Leftrightarrow A^2 + AX + XA + X^2 = X^2 - XI - IX + I^2 + X(A - I) \mid -X^2$

$\Leftrightarrow A^2 + AX + XA = -X - X + I + XA - X \mid -XA -A^2 + 3X$

$\Leftrightarrow AX + 3X = I - A^2$

$\Leftrightarrow (A + 3I)X = I - A^2$

$\Leftrightarrow X = (A + 3I)^{-1}(I - A^2)$

1.2.J $BX + A^T = 2(X-C) \mid -BX$

$\Leftrightarrow A^T = 2X - 2C - BX \mid + 2C$

$\Leftrightarrow A^T + 2C = 2X - BX$

$\Leftrightarrow A^T + 2C = (2I - B)X \mid * (2I - B)^{-1}$ von links

$\Leftrightarrow (2I - B)^{-1} * (A^T + 2C) = X$

Um X berechnen zu können, muß nun die Inverse von (2I - B) gebildet werden. Die Inverse wird im folgenden über die adjungierte Matrix gebildet. (Etwas einfacher ist es in diesem Fall, indem man die Einheitsmatrix hinter die Matrix schreibt und dann umformt.)

$2I - B = \begin{pmatrix} 2 & 0 \\ 0 & 2 \end{pmatrix} - \begin{pmatrix} 2 & 1 \\ -1 & 1 \end{pmatrix} = \begin{pmatrix} 0 & -1 \\ 1 & 1 \end{pmatrix}$

Zunächst wird die Determinante dieser Matrix gebildet. Es ergibt sich:

$\det(2I-B) = 0 * 1 - 1 * (-1) = 1$

Da es sich um eine 2*2 Matrix handelt, ergeben sich beim Bilden der adjungierten Matrix Unterdeterminanten, die nur aus einzelnen Zahlen bestehen. Die Determinante einer Zahl ist aber nun die Zahl selbst. Somit ergibt sich für die adjungierte Matrix unter Berücksichtigung des Vorzeichenschemas und der notwendigen Transposition:

$\text{adj}(2I-B) = \begin{pmatrix} 1 & 1 \\ -1 & 0 \end{pmatrix}$

Die Inverse Matrix ergibt sich, wenn die Adjungierte nun noch durch die Determinante geteilt wird. Da die Determinante hier aber 1 ist, erübrigt sich dieser Schritt, die Adjungierte ist bereits die Inverse.

Für X hatte sich ergeben: $X = (2I - B)^{-1} * (A^T + 2C)$

$\Leftrightarrow X = \begin{pmatrix} 1 & 1 \\ -1 & 0 \end{pmatrix} * \left(\begin{pmatrix} 1 & 1 \\ 0 & -1 \end{pmatrix} + \begin{pmatrix} 2 & 4 \\ 6 & 8 \end{pmatrix} \right)$

$\Leftrightarrow X = \begin{pmatrix} 1 & 1 \\ -1 & 0 \end{pmatrix} * \begin{pmatrix} 3 & 5 \\ 6 & 7 \end{pmatrix} = \begin{pmatrix} 9 & 12 \\ -3 & -5 \end{pmatrix}$

1.3 Lineare Abhängigkeit

1.3.A Bestimmen Sie s und t so, daß die Vektoren $(1, s, t)^T$, $(2, t, s)^T$, und $(5, 3, 6)^T$ linear abhängig sind.

1.3.B Prüfen Sie die Vektoren $(3, 1, 2, 2,)^T$, $(5, 2, 1, 4)^T$ und $(5, 1, 8, 2)^T$ auf lineare Abhängigkeit.

1.3.C Untersuchen Sie die Vektoren
$r_1 = (-1, -1, 2)$, $r_2 = (-1, 2, -1)$ und $r_3 = (2, -3, 2)$
auf lineare Abhängigkeit!
Läßt sich r_1 als Linearkombination von r_2 und r_3 darstellen?

1.3.D Sei V der Vektorraum der (2 x 2)-Matrizen auf $\mathbb{R}$. Untersuchen Sie, ob die folgenden Matrizen A, B, C $\in$ V linear unabhängig sind:

$$A = \begin{pmatrix} 1 & 1 \\ 1 & 1 \end{pmatrix}, \quad B = \begin{pmatrix} 1 & 0 \\ 0 & 1 \end{pmatrix} \quad \text{und} \quad C = \begin{pmatrix} 1 & 1 \\ 0 & 0 \end{pmatrix}$$

Lösungsvorschläge zu 1.3:

1.3.A Die Vektoren sind als (1, 3) Matrizen geschrieben, daher bedeutet das T, daß die angegebenen Zeilenvektoren transponiert werden sollen, so daß sich Spaltenvektoren ergeben (für die Untersuchung auf lineare Abhängigkeit ist es aber eigentlich egal, ob die Vektoren transponiert werden). Bei der Untersuchung von drei Vektoren aus dem R^3 auf lineare Abhängigkeit benutzt man am besten die Determinante der drei Vektoren. Diese ist genau dann gleich Null, wenn die Vektoren linear abhängig sind.

$$\det \begin{pmatrix} 1 & 2 & 5 \\ s & t & 3 \\ t & s & 6 \end{pmatrix} = \begin{vmatrix} 1 & 2 & 5 \\ s & t & 3 \\ t & s & 6 \end{vmatrix} = 1*t*6 + 2*3*t + 5*s*s - t*t*5 - s*3*1 - 6*s*2$$

Die Berechnung erfolgt hier nach der Regel von Sarrus:

$$\begin{vmatrix} 1 & 2 & 5 \\ s & t & 3 \\ t & s & 6 \end{vmatrix} \begin{matrix} 1 & 2 \\ s & t \\ t & s \end{matrix}$$

Hierbei werden die drei Produkte parallel zur Hauptdiagonalen addiert und die drei Produkte parallel zur Nebendiagonalen subtrahiert.

Wenn die drei Vektoren linear abhängig sein sollen, so muß die Determinante gleich Null sein, also muß gelten:

$$6t + 6t + 5s^2 - 5t^2 - 3s - 12s = 0 \Leftrightarrow 12t - 5t^2 + 5s^2 - 15s = 0$$

Diese Gleichung kann beliebig viele Lösungen haben. Nach der Aufgabenstellung reicht es aber, eine einzige zu finden. Hierzu kann man für einen der beiden Parameter einfach eine Zahl einsetzen und dann prüfen, ob es eine Lösung für den anderen Parameter gibt. (Meistens wird es eine Lösung für den anderen Parameter geben. Ist dies nicht der Fall, so muß man es mit einem anderen Wert für den ersten Parameter versuchen.) Im vorliegenden Fall vereinfacht sich die Gleichung, wenn man einen der beiden Parameter gleich Null setzt. Für s=0 ergibt sich:

$$12t - 5t^2 = 0 \Leftrightarrow (12 - 5t)t = 0 \Leftrightarrow 12 - 5t = 0 \lor t = 0$$

$$\Leftrightarrow t = 2,4 \lor t = 0$$

Also sind die Vektoren, z.B. für s und t gleich Null, linear abhängig.

1.3.B

Da es sich hier nur um 3 Vektoren aus dem $\mathbb{R}^4$ handelt, kann die lineare Abhängigkeit dieser Vektoren nicht mit Hilfe der Determinante überprüft werden. Hier muß auf die ursprüngliche Definition der linearen Abhängigkeit zurückgegriffen werden. Drei Vektoren sind linear unabhängig, wenn die folgende Gleichung nur für λ, μ und ν gleich Null gelöst werden kann:

$$\lambda(3, 1, 2, 2,)^T + \mu(5, 2, 1, 4)^T + \nu(5, 1, 8, 2)^T = 0$$

Da eine **Vektorgleichung** immer in allen Komponenten gelten muß, ergeben sich vier Gleichungen. Statt diese zu lösen, betrachtet man aber einfacher den Rang der **Koeffizientenmatrix**. Nur wenn ihr Rang kleiner als 3 ist, hat das homogene Gleichungssystem eine von der **Nullösung** verschiedene Lösung. Nachfolgend wurden die Vektoren als Spaltenvektoren in die Matrix eingetragen. Dieses ergibt sich aus der Berücksichtigung der Transposition. Da der Zeilenrang dem Spaltenrang entspricht, hätte sich aber auch dasselbe Ergebnis ergeben, wenn man die Vektoren einfach in die Zeilen der Matrix geschrieben hätte.

$$\begin{pmatrix} 3 & 5 & 5 \\ 1 & 2 & 1 \\ 2 & 1 & 8 \\ 2 & 4 & 2 \end{pmatrix} \text{ Zeilen vertauschen}$$

$$\begin{pmatrix} 1 & 2 & 1 \\ 3 & 5 & 5 \\ 2 & 1 & 8 \\ 2 & 4 & 2 \end{pmatrix} \begin{matrix} \\ -3\,I \\ -2\,I \\ -2\,I \end{matrix}$$

$$\begin{pmatrix} 1 & 2 & 1 \\ 0 & -1 & 2 \\ 0 & -3 & 6 \\ 0 & 0 & 0 \end{pmatrix} -3\,II$$

$$\begin{pmatrix} 1 & 2 & 1 \\ 0 & -1 & 2 \\ 0 & 0 & 0 \\ 0 & 0 & 0 \end{pmatrix}$$

Der Rang der Koeffizientenmatrix ist 2 (nur zwei Zeilen bestehen bei "optimaler Umformung" nicht nur aus Nullen) und ist damit kleiner als die Anzahl der Vektoren. Somit sind die Vektoren linear abhängig.

1.3.C Hier läßt sich wieder die Determinante anwenden:

$$\det \begin{pmatrix} -1 & -1 & 2 \\ -1 & 2 & -1 \\ 2 & -3 & 2 \end{pmatrix} = -4 + 2 + 6 - 8 + 3 - 2 = -3$$

Da die Determinante ungleich Null ist, sind die Vektoren linear unabhängig. Da die Vektoren linear unabhängig sind, läßt sich r_1 auch nicht als Linearkombination von r_2 und r_3 darstellen.

1.3.D Bezüglich linearer Abhängigkeit gelten für Matrizen alle Zusammenhänge genauso wie für Vektoren. Einerseits kann untersucht werden, ob folgendes Gleichungssystem nur die Triviallösung (Nullösung) hat:

$$\lambda \begin{pmatrix} 1 & 1 \\ 1 & 1 \end{pmatrix} + \mu \begin{pmatrix} 1 & 0 \\ 0 & 1 \end{pmatrix} + \nu \begin{pmatrix} 1 & 1 \\ 0 & 0 \end{pmatrix} = \begin{pmatrix} 0 & 0 \\ 0 & 0 \end{pmatrix}$$

Alternativ zu der Lösung dieses Gleichungssystems kann aber auch der Rang der Koeffizientenmatrix bestimmt werden. Ist dieser Rang gleich 3, so ist das Gleichungssystem eindeutig lösbar. Da es ein homogenes Gleichungssystem ist, hat es dann nur die Triviallösung. Zunächst können also die Matrizen in die Zeilen (oder auch Spalten) einer "großen" Matrix geschrieben werden. Nachfolgend werden die Elemente der einzelnen Matrizen zeilenweise hingeschrieben. Sie könnten auch spaltenweise hingeschrieben werden, wichtig ist allerdings, daß die Elemente für alle Matrizen in derselben Reihenfolge aufgeschrieben werden:

$$\begin{pmatrix} 1 & 1 & 1 & 1 \\ 1 & 0 & 0 & 1 \\ 1 & 1 & 0 & 0 \end{pmatrix} \begin{matrix} \\ -I \\ -I \end{matrix}$$

$$\begin{pmatrix} 1 & 1 & 1 & 1 \\ 0 & -1 & -1 & 0 \\ 0 & 0 & -1 & -1 \end{pmatrix}$$

Die Matrix ist nun in Zeilen-Stufen-Form. Der Rang der Matrix ist 3. Somit sind die 3 gegebenen Matrizen linear unabhängig.

1.4 Vektorräume

Vorbemerkung: Bei den nachfolgenden Aufgaben werden fast nur Vektorräume über $\mathbb{R}$ betrachtet. In diesen Fällen ist ein Skalar stets eine reelle Zahl.

1.4.A Bildet die Menge $G_{|3}$ aller reellen ganzrationalen Funktionen 3. Grades einen Vektorraum über $\mathbb{R}$? Wenn ja, geben Sie eine Basis und die Dimension an.

1.4.B Entscheiden Sie (mit Begründung!), welche der Mengen ein reeller Vektorraum ist, und bestimmen Sie gegebenenfalls eine Basis und die Dimension.
a) $V = \{(t, x, y, z) \mid t^2 + x^2 = 0; \ t, x, y, z \in \mathbb{R}\}$
b) $V = \{(a, b, c) \mid a^2 - c^2 = 0; \ a, b, c \in \mathbb{R}\}$

1.4.C Bestimmen Sie zu der gegebenen Matrix $A = \begin{pmatrix} 1 & 2 \\ 0 & 3 \end{pmatrix}$

alle reellen $(2, 2)$-Matrizen $M = \begin{pmatrix} u & v \\ x & y \end{pmatrix}$,
so daß $AM = MA$ ist.

Weisen Sie nach, daß die Menge $M_|$ dieser Matrizen M ein Vektorraum über $\mathbb{R}$ ist, und geben Sie eine Basis und die Dimension dieses Vektorraums an.

1.4.D Im $\mathbb{R}^3$ seien die folgenden Vektoren gegeben:

$$\vec{a}_1 = (1; -1; 2) \quad \text{und} \quad \vec{a}_2 = (2; 0; 3).$$

a) $\vec{a}_3 = (x; y; z)$ sei ein Vektor im $\mathbb{R}^3$. Geben Sie eine allgemeingültige Bedingung für $(x; y; z)$ an, so daß $B_1 = \{\vec{a}_1, \vec{a}_2, \vec{a}_3\}$ eine Basis des $\mathbb{R}^3$ ist. Nennen Sie ein Beispiel für $x=1$.

b) Zeigen Sie: $B_2 = \{\vec{a}_1 + \vec{a}_2, \vec{a}_2, \vec{a}_3\}$, $\vec{a}_3 = (0; 1; 0)$ ist auch eine Basis des $\mathbb{R}^3$.

c) Stellen Sie $\vec{a}_4 = (2; 3; 4)$ als Linearkombination über B_1 dar.

1.4.E Die Vektoren

$\vec{a}_1 = (1 \ 0 \ 1 \ 1), \ \vec{a}_2 = (-3 \ 3 \ 7 \ 1), \ \vec{a}_3 = (-1 \ 3 \ 9 \ 3)$
und $\vec{a}_4 = (-5 \ 3 \ 5 \ -1)$

bilden ein Erzeugendensystem eines Unterraums U des $\mathbb{R}^4$.

Bestimmen Sie eine Teilmenge der gegebenen Vektoren, die eine Basis von U ist, und stellen Sie jeden der übrigen Vektoren als Linearkombination der Basisvektoren dar. Welche Dimension hat U?

1.4.F Es sei V der Vektorraum von (m, n)-Matrizen auf einem Körper K. Es sei $E_{ij} \in V$ die Matrix mit dem ij-ten Element 1 und sonst nur Nullen.
Zeigen Sie, daß $\{E_{ij}\}$ eine Basis von V ist.

1.4.G Ist die Menge $\mathbb{R}$ der reellen Zahlen ein reeller Vektorraum? Falls ja, bestimmen Sie die Dimension und geben Sie eine Basis an!

1.4.H Es sei V die Menge aller Funktionen aus einer nicht leeren Menge X in einem Körper K, wobei für V die folgenden Eigenschaften gelten: für jede Funktion f, g $\in$ V und jeden Skalar k $\in$ K seien f+g und k∗f wieder Funktionen in V und wie folgt definiert:
(f + g)(x) = f(x) + g(x) und (kf)(x) = k ∗ f(x).
Zeigen Sie, daß V ein Vektorraum über K ist!

1.4.I Es sei U die Menge aller Vektoren $x \in \mathbb{R}^3$ mit $a^2 + b^2 + c^2 = 1$
für x^T = (a, b, c).
Untersuchen Sie, ob U einen Unterraum bildet, und bestimmen Sie gegebenenfalls die Dimension und eine Basis von U.

1.4.J Sei $V = \left\{ \begin{pmatrix} a & b \\ c & d \end{pmatrix} \middle| a + d = b + c;\ a, b, c, d \in \mathbb{R}. \right\} \subset \mathbb{R}^{2,2}$

gegeben. Untersuchen Sie, ob V einen Unterraum bildet, und bestimmen Sie gegebenenfalls dessen Dimension und eine Basis von V.

1.4.K A sei aus der Menge aller (2, 2)-Matrizen.
Untersuchen Sie, ob die Menge U = {A|det(A)=0} einen Vektorraum bildet, und bestimmen Sie gegebenenfalls dessen Dimension.

1.4.L Untersuchen Sie, ob die Menge M aller (2, 2)-Matrizen, für die die Summe der Hauptdiagonalelemente gleich der Summe der Nebendiagonalelemente ist, einen Vektorraum bildet, und bestimmen Sie gegebenenfalls dessen Dimension.

Lösungsvorschläge zu 1.4:

Anmerkung: Bei den Unterraumaufgaben muß in der Regel nachgewiesen werden, daß die gegebene Menge abgeschlossen bezüglich der Addition und der Skalar-Multiplikation ist. Wenn die gegebenen einschränkenden Bedingungen linear homogene Gleichungen sind, werden diese Bedingungen immer erfüllt. Somit reicht es dann auch aus, die Nebenbedingungen zu betrachten. Handelt es sich um eine linear homogene Gleichung als Nebenbedingung (oder ein linear homogenes Gleichungssystem bei mehreren Gleichungen), so handelt es sich um einen Unterraum. Ist dies nicht der Fall, so kann man meist leicht ein Gegenbeispiel bezüglich der Abgeschlossenheit finden.

1.4.A Zentrale Voraussetzung für Vektorräume ist die Abgeschlossenheit bezüglich der Addition und der skalaren Multiplikation. Wenn sich ein Gegenbeispiel finden läßt, für das diese Abgeschlossenheit nicht erfüllt ist, so handelt es sich um keinen Vektorraum. Im vorliegenden Fall läßt sich leicht ein solches Beispiel konstruieren.
Sei $f(x) = x^3$ und $g(x) = -x^3 + x^2$, dann ist $f(x) + g(x) = x^2$ kein Element der ganzrationalen Funktionen 3. Grades, denn dieses sind nur Funktionen, bei denen x auch tatsächlich in dritter Potenz vorkommt.

$G_{|3}$ bildet keinen Vektorraum.

1.4.B a) Da t^2 und x^2 für t und $x \in \mathbb{R}$ nie negativ werden können, gibt es nur eine mögliche Lösung für diese Gleichung, nämlich $t=0 \wedge x=0$. Diese beiden Gleichungen, die sich sozusagen "hinter der obigen Gleichung verbergen", sind ein linear homogenes Gleichungssystem. Somit handelt es sich um einen Vektorraum.

Natürlich könnte hier auch sehr einfach die Abgeschlossenheit der Menge nachgewiesen werden. Denn aufgrund der Bedingungen $t=0 \wedge x=0$ können y und z frei aus $\mathbb{R}$ gewählt werden. Bei der Addition und Skalarmultiplikation ergeben sich für y und z immer wieder Elemente aus $\mathbb{R}$ und für t und x immer Null.

Die Dimension eines Vektorraumes entspricht der Anzahl der frei wählbaren Parameter. Wenn man die durch die Gleichung bestimmten Variablen ersetzt, kann die Menge folgendermaßen geschrieben werden:

$$V = \{(0, 0, y, z) |\ y, z \in \mathbb{R}\}$$

y und z sind frei wählbar und somit gilt:

dim M = 2

Die Basis ist die minimale Anzahl von Vektoren (Matrizen), die den Vektorraum aufspannen. Die Anzahl der Basiselemente entspricht gerade der Dimension des Vektorraumes. Zur Bildung einer Basis können beliebige Vektoren (Matrizen) gebildet werden, allerdings muß stets darauf geachtet werden, daß diese Vektoren (Matrizen) linear unabhängig voneinander sind. Am einfachsten findet man eine Basis, indem man immer einen der frei wählbaren Parameter gleich 1 setzt und für alle anderen jeweils Null einsetzt. Wie zuvor beschrieben, könnte die Menge folgendermaßen beschrieben werden:

$V = \{(0, 0, y, z) \mid y, z \in \mathbb{R}\}$

Wenn man nun y=1 und z=0 und dann z=1 und y=0 setzt, ergibt sich folgende Basis:

$\mathbb{B} = \{(0, 0, 1, 0), (0, 0, 0, 1)\}$

b) Hier handelt es sich um keinen Vektorraum. (Dieses liegt an der Mehrdeutigkeit der Wurzel.) Am besten zeigt man dies durch ein Gegenbeispiel:

$(1, 0, -1) + (1, 0, 1) = (2, 0, 0)$

$\quad \in V \qquad \in V \qquad \notin V$

Die beiden gewählten Vektoren sind Elemente aus der betrachteten Menge, denn bei ihnen gilt:

$a^2 - c^2 = 0 \qquad 1^2 - (-1)^2 = 0 \quad \text{und} \quad 1^2 - 1^2 = 0$

Der sich als Ergebnis der Addition ergebende Vektor ist aber kein Element der Menge, denn es gilt:

$2^2 - 0^2 \neq 0$

Da sich bei der Addition von zwei Vektoren der Menge ein Vektor ergibt, der kein Element der Menge V ist, ist die Menge nicht abgeschlossen bezüglich der Addition, und es handelt sich um keinen Vektorraum.

1.4.C
Zunächst müssen AM und MA berechnet werden:

AM

		u	v
		x	y
1	2	u+2x	v+2y
0	3	3x	3y

$= A * M$

MA

		1	2
		0	3
u	v	u	2u+3v
x	y	x	2x+3y

$= M * A$

Es soll gelten AM = MA, also:

$$\begin{pmatrix} u+2x & v+2y \\ 3x & 3y \end{pmatrix} = \begin{pmatrix} u & 2u+3v \\ x & 2x+3y \end{pmatrix}$$

Zwei Matrizen sind genau dann identisch, wenn alle ihre Elemente identisch sind, also müssen folgende 4 Gleichungen erfüllt sein:

$u + 2x = u$

$v + 2y = 2u + 3v \Leftrightarrow 2y = 2u + 2v \Leftrightarrow y = u + v$

$3x = x \Leftrightarrow 2x = 0 \Leftrightarrow x = 0$

$3y = 2x + 3y$

Mit x=0 sind außer der dritten auch die erste und die vierte Gleichung immer erfüllt, somit muß nur noch die zweite Gleichung zusätzlich erfüllt werden. Es ergibt sich für die Matrizen M also folgende Form:

$$M = \begin{pmatrix} u & v \\ 0 & u+v \end{pmatrix}, \text{ wobei } u,v \in \mathbb{R} \text{ frei wählbar sind.}$$

Diese Menge ist ein Vektorraum, denn sie ist abgeschlossen bezüglich der Addition und der skalaren Multiplikation. (Man kann sich die folgende Rechnung auch sparen, indem man darauf verweist, daß die einschränkenden Bedingungen linear homogen sind und es sich daher um einen Vektorraum handelt).

Seien M_1 und M_2 Elemente aus $\mathbb{M}$, so gilt:

$$M_1 = \begin{pmatrix} u_1 & v_1 \\ 0 & u_1+v_1 \end{pmatrix} \quad M_2 = \begin{pmatrix} u_2 & v_2 \\ 0 & u_2+v_2 \end{pmatrix}$$

$$M_1 + M_2 = \begin{pmatrix} u_1 & v_1 \\ 0 & u_1+v_1 \end{pmatrix} + \begin{pmatrix} u_2 & v_2 \\ 0 & u_2+v_2 \end{pmatrix} = \begin{pmatrix} u_1+u_2 & v_1+v_2 \\ 0 & u_1+v_1+u_2+v_2 \end{pmatrix}$$

Die Abgeschlossenheit der Addition ist gegeben, wenn die Bedingung auch für die Summe wieder gilt:
$(u_1 + u_2) + (v_1 + v_2) = u_1 + v_1 + u_2 + v_2$
Also gilt die Abgeschlossenheit bezüglich der Addition.
Bei der Abgeschlossenheit der skalaren Multiplikation ist zu zeigen, daß λM Element von $\mathbb{M}$ ist:

$$\lambda M = \lambda \begin{pmatrix} u & v \\ 0 & u+v \end{pmatrix} = \begin{pmatrix} \lambda u & \lambda v \\ 0 & \lambda(u+v) \end{pmatrix}$$

Also muß gelten: $\lambda u + \lambda v = \lambda(u+v)$
Da auch diese Bedingung stets erfüllt ist, handelt es sich um einen Vektorraum.

dim $\mathbb{M}$

Die Dimension eines Vektorraumes entspricht der Anzahl der frei wählbaren Parameter. Also ergibt sich in diesem Fall:
$$\dim \mathbb{M} = 2$$
Die Basis ist eine minimale Menge von Matrizen, die den Vektorraum aufspannen.
Mit demselben Verfahren, wie es bei Aufgabe 1.4.B.a benutzt wurde, ergibt sich:

$$\mathbb{B} = \left\{ \begin{pmatrix} 1 & 0 \\ 0 & 1 \end{pmatrix}, \begin{pmatrix} 0 & 1 \\ 0 & 1 \end{pmatrix} \right\}$$

1.4.D Zur Lösung dieser Aufgabe muß man sich die wesentlichen **Eigenschaften einer Basis** vergegenwärtigen: Die Basis ist eine minimale (von der Anzahl her) Menge von Vektoren, die den Vektorraum aufspannt (es läßt sich also jedes Element des Vektorraumes als Linearkombination der **Basisvektoren** darstellen).

a) Der $\mathbb{R}^3$ ist ein dreidimensionaler Raum, somit werden drei linear unabhängige Vektoren benötigt, um ihn aufzuspannen. Der Vektor $\vec{a}_3$ muß also so bestimmt werden, daß die Vektoren $\vec{a}_1$, $\vec{a}_2$ und $\vec{a}_3$ linear unabhängig sind. Dieses ist gerade dann der Fall, wenn die Determinante der aus diesen drei Vektoren gebildeten Matrix nicht Null ist:

$$\det \begin{pmatrix} 1 & -1 & 2 \\ 2 & 0 & 3 \\ x & y & z \end{pmatrix} = -3x + 4y - 3y + 2z = -3x + y + 2z$$

Somit ist $|B_1$ eine Basis des $\mathbb{R}^3$, wenn gilt: $-3x + y + 2z \neq 0$

Für x=1 soll ein Beispiel angegeben werden. Hierzu wählt man am einfachsten y und z beide gleich Null. Die obige Bedingung ist nun erfüllt, und somit ist $\{\vec{a}_1, \vec{a}_2, \vec{a}_3\}$ eine Basis des $\mathbb{R}^3$ für
$\vec{a}_3 = (1; 0; 0)$.

b) Auch hier reicht es, die Determinante zu berechnen.
   Für $\vec{a}_1 + \vec{a}_2$ ergibt sich: $(1; -1; 2) + (2; 0; 3) = (3; -1; 5)$

Somit ist folgende Determinante zu berechnen:

$$\det \begin{pmatrix} 3 & -1 & 5 \\ 2 & 0 & 3 \\ 0 & 1 & 0 \end{pmatrix} = 10 - 9 = 1$$

Da die Determinante ungleich Null ist, ist $|B_2$ eine Basis des $\mathbb{R}^3$.

c) Die Aufgabenstellung ist hier leider etwas ungenau. Mit $|B_1$ ist die Basis gemeint, die sich für das Beispiel mit x=1 ergibt. Es muß also folgendes Gleichungssystem gelöst werden:

$$\lambda * (1; -1; 2) + \mu * (2; 0; 3) + \nu * (1; 0; 0) = (2; 3; 4)$$

Derartige Vektorgleichungen müssen immer in allen Komponenten erfüllt sein. Es handelt sich also um folgende drei Gleichungen, die erfüllt sein müssen:

$$\lambda + 2\mu + \nu = 2$$
$$-\lambda = 3$$
$$2\lambda + 3\mu = 4$$

Aus der zweiten Gleichung folgt sofort: $\lambda = -3$

In die dritte Gleichung eingesetzt, ergibt sich nun:

$$2*(-3) + 3\mu = 4 \Leftrightarrow 3\mu = 10 \Leftrightarrow \mu = \frac{10}{3}$$

Schließlich liefert die erste Gleichung:

$$-3 + 2*\frac{10}{3} + \nu = 2 \Leftrightarrow \nu = 5 - \frac{20}{3} = -\frac{5}{3}$$

Somit läßt sich $\vec{a}_4$ also folgendermaßen als **Linearkombination** über $\mathbb{B}_1$ darstellen:

$$-3*(1;-1;2) + \frac{10}{3}*(2;0;3) - \frac{5}{3}*(1;0;0) = (2;3;4)$$

1.4.E Zunächst ist es sinnvoll, die Dimension des von den Vektoren aufgespannten Vektorraumes zu berechnen. Hierzu wird der Rang der durch die Vektoren gebildeteten Matrix berechnet:

$$\begin{pmatrix} 1 & 0 & 1 & 1 \\ -3 & 3 & 7 & 1 \\ -1 & 3 & 9 & 3 \\ -5 & 3 & 5 & -1 \end{pmatrix} \begin{matrix} \\ +3\text{I} \\ +\text{I} \\ +5\text{I} \end{matrix}$$

$$\begin{pmatrix} 1 & 0 & 1 & 1 \\ 0 & 3 & 10 & 4 \\ 0 & 3 & 10 & 4 \\ 0 & 3 & 10 & 4 \end{pmatrix} \begin{matrix} \\ \\ -\text{II} \\ -\text{II} \end{matrix}$$

$$\begin{pmatrix} 1 & 0 & 1 & 1 \\ 0 & 3 & 10 & 4 \\ 0 & 0 & 0 & 0 \\ 0 & 0 & 0 & 0 \end{pmatrix}$$

Der Rang ist also 2. Somit spannen die Vektoren nur einen zweidimensionalen Vektorraum auf. Es gilt: dimU = 2

Als Basis können nun 2 der 4 gegebenen Vektoren gewählt werden. Allerdings dürfen diese Vektoren nicht unter sich linear abhängig sein. Es darf also nicht der eine der gewählten Vektoren ein Vielfaches des anderen sein. Bei den gegebenen Vektoren trifft dies für keine Vektoren zu, so daß zwei der Vektoren beliebig gewählt werden können, z.B.:

$\mathbb{B} = \{(1, 0, 1, 1); (-3, 3, 7, 1)\}$

Nun müssen noch $\vec{a}_3$ und $\vec{a}_4$ als Linearkombination dieser beiden Vektoren dargestellt werden. Folgende Gleichung ist also für $\vec{a}_3$ zu lösen:

$\lambda(1, 0, 1, 1) + \mu(-3, 3, 7, 1) = (-1, 3, 9, 3)$

Statt das sich ergebende Gleichungssystem zu lösen, kann hier die Lösung aber auch einfach durch Betrachten der Gleichung gefunden werden, denn für λ und μ ergibt sich eine sehr einfache Lösung. Bei $\lambda=2$ und $\mu=1$ ergibt sich für alle Komponenten der richtige Wert.

$\vec{a}_4$ ergibt sich als Linearkombination über $-2\vec{a}_1 + \vec{a}_2$. Insgesamt ergibt sich also:

$\vec{a}_3 = 2\vec{a}_1 + \vec{a}_2$ und $\vec{a}_4 = -2\vec{a}_1 + \vec{a}_2$

1.4.F Diese Aufgabe ist relativ schwierig. Eine Möglichkeit zur Lösung besteht darin, zu zeigen, daß alle E_{ij} linear unabhängig sind und gleichzeitig die Anzahl der Matrizen E_{ij} der Dimension von V entspricht. Denn daraus folgt zwangsläufig, daß $\{E_{ij}\}$ eine Basis von V ist.

Die Dimension von V ist $m*n$, denn jedes Element der Matrix ist frei wählbar. Die Matrizen E_{ij} sind so definiert, daß sie an einer Stelle eine 1 stehen haben und ansonsten nur Nullen. Die Menge $\{E_{ij}\}$ enthält alle möglichen derartigen Matrizen. Da die 1 an jeder beliebigen Stelle stehen kann, enthält $\{E_{ij}\}$ gerade $m*n$ Matrizen. Die Anzahl der Elemente von $\{E_{ij}\}$ entspricht also gerade der Dimension von V.

Nun muß noch gezeigt werden, daß alle E_{ij} linear unabhängig sind. Linear unabhängig sind sie dann, wenn folgende Gleichung nur für alle $\lambda_{ij} = 0$ lösbar ist:

$\sum_{i=1}^{m} \sum_{j=1}^{n} \lambda_{ij} * E_{ij} = 0$ (Null steht hier für die (m, n)-Matrix, die nur Nullen enthält)

Diese Gleichung ist tatsächlich nur für alle $\lambda_{ij} = 0$ lösbar. Nachfolgend wird dies am Beispiel von (2, 2)-Matrizen verdeutlicht. Dabei ergibt sich:

$$\lambda_{11}\begin{pmatrix}1 & 0\\0 & 0\end{pmatrix} + \lambda_{12}\begin{pmatrix}0 & 1\\0 & 0\end{pmatrix} + \lambda_{21}\begin{pmatrix}0 & 0\\1 & 0\end{pmatrix} + \lambda_{22}\begin{pmatrix}0 & 0\\0 & 1\end{pmatrix} = \begin{pmatrix}0 & 0\\0 & 0\end{pmatrix}$$

$$\Leftrightarrow \lambda_{11} = 0 \wedge \lambda_{12} = 0 \wedge \lambda_{21} = 0 \wedge \lambda_{22} = 0$$

1.4.G Die Menge ℝ ist ein Vektorraum. Denn ℝ ist nicht leer und ist abgeschlossen bezüglich der Addition und der Skalarmultiplikation. Wenn man zwei Elemente aus ℝ addiert, ergibt sich wieder ein Element aus ℝ. Wenn man ein Element aus ℝ mit einem Skalar (einem Element von ℝ) multipliziert, ergibt sich ebenfalls stets ein Element aus ℝ. Also ist ℝ ein Vektorraum.

Die Dimension ist 1, und eine mögliche Basis ist z.B. 1.

1.4.H Die Abgeschlossenheit bezüglich der Addition und der Skalar-Multiplikation ist hier bereits laut Aufgabenstellung gegeben. Hier sollte gezeigt werden, daß die Vektorraumaxiome erfüllt sind.

Zu zeigen ist zunächst, daß die Menge mit der Verknüpfung "+" eine abelsche (kommutative) Gruppe bildet, d.h.:

Existenz des neutralen Elements:

Sei 0 die Nullfunktion $0(x) = 0$, dann gilt für jede Funktion $f \in V$
$$(f + 0)(x) = f(x) + 0(x) = f(x) + 0 = f(x)$$
Somit ist 0 der Nullvektor in V.

Existenz des inversen Elements:

Für jede Funktion $f \in V$ sei $-f$ die Funktion, die durch $(-f)(x) = -f(x)$ definiert ist. Dann gilt:
$$(f + (-f))(x) = f(x) + (-f)(x) = f(x) - f(x) = 0$$

Kommutativität der Addition:

Es sei $f, g \in V$, dann gilt
$$(f + g)(x) = f(x) + g(x) = g(x) + f(x) = (g + f)(x)$$

Weiterhin ist für alle $f, g \in V$, $k, l \in K$ zu zeigen, daß

a) $(k+l) * f = (k * f) + (l * f)$

b) $k(f+g) = (k * f) + (k * g)$

c) $(k * l) * f = k * (l * f)$

d) $1*f = f$

Diese Bedingungen werden im folgenden abgearbeitet:

a) $((k+l)f)(x) = (k+l) f(x) = k*f(x) + l*f(x) = (k*f)(x) + (l*f)(x)$
$= (k*f+l*f)(x)$

b) $(k(f+g)(x) = k((f+g)(x)) = k(f(x)+g(x)) = k*f(x)+k*g(x)$
$= (kf)(x)+(kg)(x) = (kf+kg)(x)$

c) $((k*l)f)(x) = (k*l)f(x) = k(l*f(x)) = k(l*f)(x) = (k(l*f))(x)$

d) $(1*f)(x) = 1*f(x) = f(x)$

Da alle Bedingungen erfüllt sind, ist V ein Vektorraum über K.

1.4.I Die Nebenbedingung ist weder linear noch homogen. Man kann nun entweder ein Gegenbeispiel zur Abgeschlossenheit angeben oder, da die Nebenbedingung inhomogen ist, darauf verweisen, daß der Nullvektor nicht in der Menge enthalten ist:

Ein Vektorraum muß den Nullvektor enthalten. Die angegebene Menge enthält den Nullvektor nicht und ist somit kein Vektorraum.
$0^2 + 0^2 + 0^2 \neq 1$

1.4.J Die Nebenbedingung ist linear und homogen. D.h. die Variablen kommen nur in einfacher Potenz vor und werden auch nicht miteinander multipliziert, und es kommt keine einzelne Zahl oder Konstante vor. Daher handelt es sich um einen Unterraum des $\mathbb{R}^4$.

Man kann die Nebenbedingung nach einer Variablen auflösen und das Ergebnis für diese Variable in die Matrix einsetzen:
$a + d = b + c \Leftrightarrow a = b + c - d$

$$\begin{pmatrix} b+c-d & b \\ c & d \end{pmatrix}$$

Bei der Darstellung der Menge können also drei Parameter frei gewählt werden. Somit ist die Dimension des Unterraumes 3. Eine Basis erhält man, indem man abwechselnd eine der Variablen gleich 1 und die anderen gleich Null setzt:

$$\mathbb{B} = \left\{ \begin{pmatrix} 1 & 1 \\ 0 & 0 \end{pmatrix}, \begin{pmatrix} 1 & 0 \\ 1 & 0 \end{pmatrix}, \begin{pmatrix} -1 & 0 \\ 0 & 1 \end{pmatrix} \right\}$$

1.4.K Bei dieser Aufgabe schreibt man sich am besten zunächst eine Matrix und dann die Nebenbedingung auf:

$$\begin{pmatrix} a & b \\ c & d \end{pmatrix} \Rightarrow a*d - c*b = 0$$

Da in der Nebenbedingung Variable miteinander multipliziert werden, ist sie nicht linear. Somit muß man ein Gegenbeispiel angeben:

$$\begin{pmatrix} 1 & 0 \\ 0 & 0 \end{pmatrix} + \begin{pmatrix} 0 & 0 \\ 0 & 1 \end{pmatrix} = \begin{pmatrix} 1 & 0 \\ 0 & 1 \end{pmatrix}$$

$\det = 0$ $\quad\quad\quad$ $\det = 0$ $\quad\quad\quad$ $\det = 1$

$\in A$ $\quad\quad\quad\quad$ $\in A$ $\quad\quad\quad\quad$ $\notin A$

Die Menge ist also nicht abgeschlossen bezüglich der Addition und bildet somit keinen Vektorraum.

1.4.L Bei dieser Aufgabe schreibt man sich am besten zunächst eine Matrix und dann die Nebenbedingung auf:

$$\begin{pmatrix} a & b \\ c & d \end{pmatrix} \Rightarrow a + d = b + c$$

Die Aufgabenstellung entspricht somit genau Aufgabe 1.4.J, und die Lösung kann mit dieser verglichen werden.

1.5 Determinanten, Rang, Inverse

Die Aufgaben werden hier über die **Adjungierte Matrix** berechnet. Es gibt andere Verfahren, die bei einfachen Aufgaben auch schneller als dieses Verfahren sein können, allerdings erscheint mir dieses dasjenige Verfahren zu sein, bei dem man, wenn man es beherrscht, am wenigsten leicht Rechenfehler macht.

Bei der Lösung von Aufgabe 1.5.A wird die Vorgehensweise knapp beschrieben, ausführlichere Darstellungen finden sich z.B. in "Mathematik -anschaulich dargestellt- für Studierende der Wirtschaftswissenschaften".

1.5.A Invertieren Sie die Matrix
$$M = \begin{pmatrix} 1 & 0 & 2 \\ 4 & 1 & 8 \\ 1 & 2 & 3 \end{pmatrix}$$

1.5.B Berechnen Sie -falls möglich - die Inverse der folgenden Matrix:
$$A = \begin{pmatrix} 2 & 6 & -5 \\ 0 & 3 & -4 \\ 4 & -1 & 2 \end{pmatrix}$$

1.5.C Man betrachte die Matrizen
$$U = \begin{pmatrix} a & 1 & 0 \\ 1 & a & 1 \\ 0 & 1 & a \end{pmatrix}$$

mit $a \in \mathbb{R}$ und bestimme rang(U), det(U) sowie U^{-1}, sofern dies existiert.

1.5.D Sei
$$M(k) = \begin{pmatrix} 1 & 0 & -3 \\ 2 & k & -1 \\ 1 & 2 & k \end{pmatrix}$$

a) Berechnen Sie det M(k).

b) Für welche Werte von k ist M(k) singulär?

c) Berechnen Sie die Inverse von M(3)!

1.5.E Betrachten Sie die Matrix
$$A = \begin{pmatrix} a & 0 & b \\ 0 & b & 0 \\ b & a & a \end{pmatrix} \quad a, b \in \mathbb{R}$$

Bestimmen Sie in Abhängigkeit von a und b rang(A), det(A) und A^{-1}, falls diese Matrix existiert.

1.5.F a) Untersuchen Sie, für welche $a \in \mathbb{R}$ die Matrix
$$A = \begin{pmatrix} 1 & a & 1 \\ 1 & 4 & a \\ 2 & a & -4 \end{pmatrix} \quad \text{regulär ist.}$$

Welchen Rang hat A in den Fällen, bei denen A singulär ist?

b) Bestimmen Sie zu der Matrix aus Aufgabe a) für den Fall a=0 die Inverse Matrix.

1.5.G Geben Sie den Rang der folgenden Matrix an:
$$\begin{pmatrix} 1 & 3 & 1 & -2 & -3 \\ 1 & 4 & 3 & -1 & -4 \\ 2 & 3 & -4 & -7 & -3 \\ 3 & 8 & 1 & -7 & -8 \end{pmatrix}$$

1.5.H Gegeben seien die Matrizen
$$A = \begin{pmatrix} 3 & -1 & -2 \\ -4 & 2 & 1 \\ 1 & 0 & 6 \end{pmatrix}, \quad B = \begin{pmatrix} 1 & 0 & a \\ 0 & 1 & 0 \\ 0 & a^2 & 1 \end{pmatrix}.$$

Geben Sie die folgenden Größen an:

a) det(A)
b) $\det(A^{-1})$
c) $\det(A^{-1} * B)$
d) $\text{Rang}(A * B)$

Lösungsvorschläge zu 1.5:

1.5.A Zunächst wird det(A) berechnet. Nur wenn det(A) ungleich Null ist, existiert die Inverse Matrix.

$$\det M = \det \begin{pmatrix} 1 & 0 & 2 \\ 4 & 1 & 8 \\ 1 & 2 & 3 \end{pmatrix} = 3 + 16 - 2 - 16 = 1$$

die Inverse existiert also immer

Die Inverse ergibt sich als: $\frac{1}{\det A}$ adj(A)

Berechnung der Adjungierten (adj(A)):

Zunächst wird die ursprüngliche Matrix transponiert.

$$A^T = \begin{pmatrix} 1 & 4 & 1 \\ 0 & 1 & 2 \\ 2 & 8 & 3 \end{pmatrix}$$

Durch das Streichen der jeweiligen Zeile und Spalte ergeben sich "Restmatrizen". Die Determinante dieser "Rest- oder Untermatrizen" wird in eine Matrix geschrieben. Vor diesen Determinanten müssen jeweils alternierend die Vorzeichen + und − stehen:

$$\mathrm{adj}(A) = \begin{pmatrix} +\begin{vmatrix} 1 & 2 \\ 8 & 3 \end{vmatrix} & -\begin{vmatrix} 0 & 2 \\ 2 & 3 \end{vmatrix} & +\begin{vmatrix} 0 & 1 \\ 2 & 8 \end{vmatrix} \\ -\begin{vmatrix} 4 & 1 \\ 8 & 3 \end{vmatrix} & +\begin{vmatrix} 1 & 1 \\ 2 & 3 \end{vmatrix} & -\begin{vmatrix} 1 & 4 \\ 2 & 8 \end{vmatrix} \\ +\begin{vmatrix} 4 & 1 \\ 1 & 2 \end{vmatrix} & -\begin{vmatrix} 1 & 1 \\ 0 & 2 \end{vmatrix} & +\begin{vmatrix} 1 & 4 \\ 0 & 1 \end{vmatrix} \end{pmatrix}$$

Die Determinanten in der Matrix lassen sich nun relativ einfach ausrechnen (Hauptdiagonale minus Nebendiagonale).

$$\mathrm{adj}(A) = \begin{pmatrix} -13 & 4 & -2 \\ -4 & 1 & 0 \\ 7 & -2 & 1 \end{pmatrix}$$

Für A^{-1} folgt nun:

$$A^{-1} = \frac{1}{\det A}\, \mathrm{adj}(A) = \frac{1}{1} \begin{pmatrix} -13 & 4 & -2 \\ -4 & 1 & 0 \\ 7 & -2 & 1 \end{pmatrix} = \begin{pmatrix} -13 & 4 & -2 \\ -4 & 1 & 0 \\ 7 & -2 & 1 \end{pmatrix}$$

1.5.B

$$A = \begin{pmatrix} 2 & 6 & -5 \\ 0 & 3 & -4 \\ 4 & -1 & 2 \end{pmatrix}$$

detA = 12 − 96 + 60 − 8 = −32

Da detA ungleich Null ist, ist die Matrix invertierbar.

$$A^T = \begin{pmatrix} 2 & 0 & 4 \\ 6 & 3 & -1 \\ -5 & -4 & 2 \end{pmatrix}$$

$$\text{adj}(A) = \begin{pmatrix} +\begin{vmatrix} 3 & -1 \\ -4 & 2 \end{vmatrix} & -\begin{vmatrix} 6 & -1 \\ -5 & 2 \end{vmatrix} & +\begin{vmatrix} 6 & 3 \\ -5 & -4 \end{vmatrix} \\ -\begin{vmatrix} 0 & 4 \\ -4 & 2 \end{vmatrix} & +\begin{vmatrix} 2 & 4 \\ -5 & 2 \end{vmatrix} & -\begin{vmatrix} 2 & 0 \\ -5 & -4 \end{vmatrix} \\ +\begin{vmatrix} 0 & 4 \\ 3 & -1 \end{vmatrix} & -\begin{vmatrix} 2 & 4 \\ 6 & -1 \end{vmatrix} & +\begin{vmatrix} 2 & 0 \\ 6 & 3 \end{vmatrix} \end{pmatrix}$$

$$\text{adj}(A) = \begin{pmatrix} 2 & -7 & -9 \\ -16 & 24 & 8 \\ -12 & 26 & 6 \end{pmatrix}$$

$$A^{-1} = \frac{1}{\det A} \text{adj}(A) = \begin{pmatrix} -0.0625 & 0.21875 & 0.28125 \\ 0.5 & -0.75 & -0.25 \\ 0.375 & -0.8125 & -0.1875 \end{pmatrix}$$

1.5.C

$$U = \begin{pmatrix} a & 1 & 0 \\ 1 & a & 1 \\ 0 & 1 & a \end{pmatrix}$$

Zunächst berechnet man am besten die Determinante:

detU = $a^3 - a - a = a^3 - 2a$

Ist die Determinante ungleich Null, so hat die Matrix vollen Rang, also in diesem Fall einen Rang von 3.

detU = 0 ⇔ $a^3 - 2a = 0$ ⇔ $a(a^2 - 2) = 0$ ⇔ a=0 $\vee$ $a^2 - 2 = 0$

⇔ a=0 $\vee$ $a^2 = 2$ ⇔ a=0 $\vee$ a = $\sqrt{2}$ $\vee$ a = $-\sqrt{2}$

Für a ungleich 0, $\sqrt{2}$ und $-\sqrt{2}$ ist der Rang von U also 3.

Für a=0 ergibt sich:
$$U(0) = \begin{pmatrix} 0 & 1 & 0 \\ 1 & 0 & 1 \\ 0 & 1 & 0 \end{pmatrix}$$

Mittels elementarer Zeilenumformungen muß nun der Rang bestimmt werden.

$$\begin{pmatrix} 0 & 1 & 0 \\ 1 & 0 & 1 \\ 0 & 1 & 0 \end{pmatrix} -\text{I}$$

$$\begin{pmatrix} 0 & 1 & 0 \\ 1 & 0 & 1 \\ 0 & 0 & 0 \end{pmatrix}$$

Weitere Zeilen, die nur aus Nullen bestehen, lassen sich nun nicht mehr produzieren, so daß der Rang für a=0 2 ist (zwei Zeilen bestehen nicht nur aus Nullen). Analog muß nun die Matrix für a=$\sqrt{2}$ und a=$-\sqrt{2}$ betrachtet werden:

$$U(\sqrt{2}) = \begin{pmatrix} \sqrt{2} & 1 & 0 \\ 1 & \sqrt{2} & 1 \\ 0 & 1 & \sqrt{2} \end{pmatrix} * \sqrt{2}$$

$$\begin{pmatrix} \sqrt{2} & 1 & 0 \\ \sqrt{2} & 2 & \sqrt{2} \\ 0 & 1 & \sqrt{2} \end{pmatrix} -\text{I}$$

$$\begin{pmatrix} \sqrt{2} & 1 & 0 \\ 0 & 1 & \sqrt{2} \\ 0 & 1 & \sqrt{2} \end{pmatrix} -\text{II}$$

$$\begin{pmatrix} \sqrt{2} & 1 & 0 \\ 0 & 1 & \sqrt{2} \\ 0 & 0 & 0 \end{pmatrix}$$

$\Rightarrow$ Für a=$\sqrt{2}$ ist rang U = 2

Zuvor wurde die Berechnung durchgeführt, indem die Zeilen zunächst so mit Zahlen multipliziert wurden, daß sich die Nullen durch einfaches Addieren oder Subtrahieren ergaben. Nachfolgend wird gleich ein entsprechendes Vielfaches der Zeile addiert (subtrahiert). Für die meisten dürfte es sich hierbei in diesem Fall wegen der auftretenden Brüche um die schwierigere

Methode handeln. In anderen Fällen ist es aber auch die einfachere Methode. Nachfolgend wird es benutzt, obwohl die Aufgabe natürlich auch mit dem vorherigen Verfahren gelöst werden kann.

$$U(-\sqrt{2}) = \begin{pmatrix} -\sqrt{2} & 1 & 0 \\ 1 & -\sqrt{2} & 1 \\ 0 & 1 & -\sqrt{2} \end{pmatrix} + (I/\sqrt{2})$$

$$\begin{pmatrix} -\sqrt{2} & 1 & 0 \\ 0 & -\sqrt{2}+1/\sqrt{2} & 1 \\ 0 & 1 & -\sqrt{2} \end{pmatrix}$$

$$\begin{pmatrix} -\sqrt{2} & 1 & 0 \\ 0 & -1/\sqrt{2} & 1 \\ 0 & 1 & -\sqrt{2} \end{pmatrix} + \sqrt{2}*II$$

$$\begin{pmatrix} -\sqrt{2} & 1 & 0 \\ 0 & -1/\sqrt{2} & 1 \\ 0 & 0 & 0 \end{pmatrix}$$

⇒ Für $a = -\sqrt{2}$ gilt rang$U = 2$.

Für a ungleich 0, $\sqrt{2}$ oder $-\sqrt{2}$ läßt sich die Inverse bestimmen. Es ergibt sich (da die Matrix symmetrisch ist, ist $U=U^T$):

$$U^T = \begin{pmatrix} a & 1 & 0 \\ 1 & a & 1 \\ 0 & 1 & a \end{pmatrix}$$

$$adj(U) = \begin{pmatrix} +\begin{vmatrix} a & 1 \\ 1 & a \end{vmatrix} & -\begin{vmatrix} 1 & 1 \\ 0 & a \end{vmatrix} & +\begin{vmatrix} 1 & a \\ 0 & 1 \end{vmatrix} \\ -\begin{vmatrix} 1 & 0 \\ 1 & a \end{vmatrix} & +\begin{vmatrix} a & 0 \\ 0 & a \end{vmatrix} & -\begin{vmatrix} a & 1 \\ 0 & 1 \end{vmatrix} \\ +\begin{vmatrix} 1 & 0 \\ a & 1 \end{vmatrix} & -\begin{vmatrix} a & 0 \\ 1 & 1 \end{vmatrix} & +\begin{vmatrix} a & 1 \\ 1 & a \end{vmatrix} \end{pmatrix}$$

$$adj(U) = \begin{pmatrix} a^2-1 & -a & 1 \\ -a & a^2 & -a \\ 1 & -a & a^2-1 \end{pmatrix}$$

$$A^{-1} = \frac{1}{\det A} adj(U) = \frac{1}{a^3-2a} \begin{pmatrix} a^2-1 & -a & 1 \\ -a & a^2 & -a \\ 1 & -a & a^2-1 \end{pmatrix}$$

1.5.D $\quad M(k) = \begin{pmatrix} 1 & 0 & -3 \\ 2 & k & -1 \\ 1 & 2 & k \end{pmatrix}$

a) Für die Determinante ergibt sich:

$$\det M(k) = k^2 - 12 + 3k + 2 = k^2 + 3k - 10$$

b) M(k) ist genau dann singulär, wenn die Determinante gleich Null ist. Also braucht nur die zuvor berechnete Determinante gleich Null gesetzt zu werden:

$$k^2 + 3k - 10 = 0$$

Eine derartige quadratische Gleichung kann mittels einer quadratischen Ergänzung oder mittels der auf diese Weise entstandenen pq-Formel berechnet werden. Hier wird die Gleichung mittels quadratischer Ergänzung gelöst:

$$k^2 + 3k - 10 = 0 \Leftrightarrow (k + 1.5)^2 - 2.25 - 10 = 0 \mid +12.25$$

$$\Leftrightarrow (k + 1.5)^2 = 12.25 \mid \sqrt{} \Leftrightarrow k + 1.5 = 3.5 \lor k + 1.5 = -3.5$$

$$\Leftrightarrow k = 2 \lor k = -5$$

c) M(3) bedeutet, daß für k 3 in die Matrix eingesetzt werden muß. Die Matrix lautet dann:

$$M(3) = \begin{pmatrix} 1 & 0 & -3 \\ 2 & 3 & -1 \\ 1 & 2 & 3 \end{pmatrix}$$

Die Determinante erhält man am einfachsten, indem man in die Lösung aus Teil a) für k = 3 einsetzt:

$$\det M(3) = 3^2 + 3*3 - 10 = 8$$

$$M(3)^T = \begin{pmatrix} 1 & 2 & 1 \\ 0 & 3 & 2 \\ -3 & -1 & 3 \end{pmatrix}$$

$$\text{adj}(M(3)) = \begin{pmatrix} +\begin{vmatrix} 3 & 2 \\ -1 & 3 \end{vmatrix} & -\begin{vmatrix} 0 & 2 \\ -3 & 3 \end{vmatrix} & +\begin{vmatrix} 0 & 3 \\ -3 & -1 \end{vmatrix} \\ -\begin{vmatrix} 2 & 1 \\ -1 & 3 \end{vmatrix} & +\begin{vmatrix} 1 & 1 \\ -3 & 3 \end{vmatrix} & -\begin{vmatrix} 1 & 2 \\ -3 & -1 \end{vmatrix} \\ +\begin{vmatrix} 2 & 1 \\ 3 & 2 \end{vmatrix} & -\begin{vmatrix} 1 & 1 \\ 0 & 2 \end{vmatrix} & +\begin{vmatrix} 1 & 2 \\ 0 & 3 \end{vmatrix} \end{pmatrix}$$

$$\text{adj}(M(3)) = \begin{pmatrix} 11 & -6 & 9 \\ -7 & 6 & -5 \\ 1 & -2 & 3 \end{pmatrix}$$

$$M(3)^{-1} = \frac{1}{\det M} \text{adj}(M) = \begin{pmatrix} 1.375 & -0.75 & 1.125 \\ -0.875 & 0.75 & -0.625 \\ 0.125 & -0.25 & 0.375 \end{pmatrix}.$$

1.5.E

$$\det \begin{pmatrix} a & 0 & b \\ 0 & b & 0 \\ b & a & a \end{pmatrix} = a^2 b - b^3 = (a^2 - b^2) b$$

Für den Rang sind nun etwas genauere Untersuchungen notwendig. Wenn die Determinante ungleich Null ist, ist der Rang 3:

$$(a^2 - b^2) b = 0 \Leftrightarrow a^2 - b^2 = 0 \lor b = 0 \Leftrightarrow a^2 = b^2 \lor b = 0$$

$$\Leftrightarrow a = b \lor a = -b \lor b = 0$$

Somit gilt für $a \neq b \land a \neq -b \land b \neq 0$: $\text{rang}(A) = 3$

Nun muß untersucht werden, wie groß der Rang in den Fällen ist, in denen er kleiner als drei ist. Hierzu müssen alle möglichen Fälle, bei denen die Determinante Null wird, untersucht werden. Für $b = 0$ muß weiterhin unterschieden werden, ob a Null oder ungleich Null ist. Wenn a auch Null ist, besteht die Matrix nur aus Nullen, und der Rang ist somit Null. Für $a \neq 0$ ergibt sich folgende Matrix:

$$\begin{pmatrix} a & 0 & 0 \\ 0 & 0 & 0 \\ 0 & a & a \end{pmatrix}$$

$$\begin{pmatrix} a & 0 & 0 \\ 0 & a & a \\ 0 & 0 & 0 \end{pmatrix}$$

Die Matrix ist nun in Zeilen-Stufen-Form, es können keine weiteren Nullzeilen produziert werden, und somit ist der Rang 2.

$b = 0 \quad \land a = 0 \quad \text{rang}(A) = 0$

$b = 0 \quad \land a \neq 0 \quad \text{rang}(A) = 2$

Nun müssen noch die Fälle $a = b$ und $a = -b$ untersucht werden. Die Variablen müssen hierbei jeweils ungleich Null sein, denn sonst würde es sich um den schon behandelten Fall mit a und b gleich Null handeln.

$$a = b \quad \begin{pmatrix} b & 0 & b \\ 0 & b & 0 \\ b & b & b \end{pmatrix} \begin{matrix} \\ \\ -I \ -II \end{matrix}$$

$$\begin{pmatrix} b & 0 & b \\ 0 & b & 0 \\ 0 & 0 & 0 \end{pmatrix} \Rightarrow \text{rang}(A) = 2$$

$$a = -b \quad \begin{pmatrix} -b & 0 & b \\ 0 & b & 0 \\ b & -b & -b \end{pmatrix} \begin{matrix} \\ \\ +I \ +II \end{matrix}$$

$$\begin{pmatrix} -b & 0 & b \\ 0 & b & 0 \\ 0 & 0 & 0 \end{pmatrix} \Rightarrow \text{rang}(A) = 2$$

Somit ergibt sich:

$$a = b \quad \wedge b \neq 0 \qquad \text{rang}(A) = 2$$
$$a = -b \quad \wedge b \neq 0 \qquad \text{rang}(A) = 2$$

Für det(A) ungleich Null kann nun die Inverse berechnet werden:

$$A^T = \begin{pmatrix} a & 0 & b \\ 0 & b & a \\ b & 0 & a \end{pmatrix}$$

$$\text{adj}(A) = \begin{pmatrix} + \begin{vmatrix} b & a \\ 0 & a \end{vmatrix} & - \begin{vmatrix} 0 & a \\ b & a \end{vmatrix} & + \begin{vmatrix} 0 & b \\ b & 0 \end{vmatrix} \\ - \begin{vmatrix} 0 & b \\ 0 & a \end{vmatrix} & + \begin{vmatrix} a & b \\ b & a \end{vmatrix} & - \begin{vmatrix} a & 0 \\ b & 0 \end{vmatrix} \\ + \begin{vmatrix} 0 & b \\ b & a \end{vmatrix} & - \begin{vmatrix} a & b \\ 0 & a \end{vmatrix} & + \begin{vmatrix} a & 0 \\ 0 & b \end{vmatrix} \end{pmatrix}$$

$$\text{adj}(A) = \begin{pmatrix} ab & ab & -b^2 \\ 0 & a^2-b^2 & 0 \\ -b^2 & -a^2 & ab \end{pmatrix}$$

$$A^{-1} = \frac{1}{\det A} \text{adj}(A) = \begin{pmatrix} \frac{a}{a^2-b^2} & \frac{a}{a^2-b^2} & \frac{-b}{a^2-b^2} \\ 0 & \frac{1}{b} & 0 \\ \frac{-b}{a^2-b^2} & \frac{-a^2}{b(a^2-b^2)} & \frac{a}{a^2-b^2} \end{pmatrix}$$

1.5.F a) Eine Matrix ist regulär, wenn sie vollen Rang hat. Somit ist sie genau dann regulär, wenn ihre Determinante ungleich Null ist.

$$\det \begin{pmatrix} 1 & a & 1 \\ 1 & 4 & a \\ 2 & a & -4 \end{pmatrix} = -16 + 2a^2 + a - 8 - a^2 + 4a = 0$$

$\Leftrightarrow a^2 + 5a - 24 = 0 \Leftrightarrow (a+2,5)^2 - 6,25 - 24 = 0$

$\Leftrightarrow (a+2,5)^2 = 30,25 \Leftrightarrow a+2,5 = \pm 5,5 \Leftrightarrow a = 3 \ \lor \ a = -8$

Für alle Werte aus $\mathbb{R}$ außer 3 und -8 ist die Matrix regulär.

Singulär ist die Matrix, wenn sie nicht regulär ist. In diesen Fällen ist der Rang der Matrix auf jeden Fall kleiner als 3. Wie groß er aber genau ist, muß noch mit dem Gauß-Algorithmus überprüft werden:

$$\begin{pmatrix} 1 & 3 & 1 \\ 1 & 4 & 3 \\ 2 & 3 & -4 \end{pmatrix} \begin{matrix} \\ -I \\ -2I \end{matrix} \qquad \begin{pmatrix} 1 & -8 & 1 \\ 1 & 4 & -8 \\ 2 & -8 & -4 \end{pmatrix} \begin{matrix} \\ -I \\ -2I \end{matrix}$$

$$\begin{pmatrix} 1 & 3 & 1 \\ 0 & 1 & 2 \\ 0 & -3 & -6 \end{pmatrix} \begin{matrix} \\ \\ +3II \end{matrix} \qquad \begin{pmatrix} 1 & -8 & 1 \\ 0 & 12 & -9 \\ 0 & 8 & -6 \end{pmatrix} \begin{matrix} \\ \\ -2/3II \end{matrix}$$

$$\begin{pmatrix} 1 & 3 & 1 \\ 0 & 1 & 2 \\ 0 & 0 & 0 \end{pmatrix} \qquad \begin{pmatrix} 1 & -8 & 1 \\ 0 & 12 & -9 \\ 0 & 0 & 0 \end{pmatrix}$$

In beiden Matrizen lassen sich keine weiteren Nullzeilen mehr produzieren. Somit hat die Matrix in beiden Fällen, in denen sie singulär ist, den Rang 2.

b) Die zu invertierende Matrix lautet:

$$\begin{pmatrix} 1 & 0 & 1 \\ 1 & 4 & 0 \\ 2 & 0 & -4 \end{pmatrix}$$

Die Determinante kann mittels der zuvor berechneten Formel berechnet werden: $\det A(0) = 0^2 + 5*0 - 24 = -24$

$$A(0)^T = \begin{pmatrix} 1 & 1 & 2 \\ 0 & 4 & 0 \\ 1 & 0 & -4 \end{pmatrix}$$

$$\text{adj}(A(0)) = \begin{pmatrix} +\begin{vmatrix} 4 & 0 \\ 0 & -4 \end{vmatrix} & -\begin{vmatrix} 0 & 0 \\ 1 & -4 \end{vmatrix} & +\begin{vmatrix} 0 & 4 \\ 1 & 0 \end{vmatrix} \\ -\begin{vmatrix} 1 & 2 \\ 0 & -4 \end{vmatrix} & +\begin{vmatrix} 1 & 2 \\ 1 & -4 \end{vmatrix} & -\begin{vmatrix} 1 & 1 \\ 1 & 0 \end{vmatrix} \\ +\begin{vmatrix} 1 & 2 \\ 4 & 0 \end{vmatrix} & -\begin{vmatrix} 1 & 2 \\ 0 & 0 \end{vmatrix} & +\begin{vmatrix} 1 & 1 \\ 0 & 4 \end{vmatrix} \end{pmatrix}$$

$$\text{adj}(A(0)) = \begin{pmatrix} -16 & 0 & -4 \\ 4 & -6 & 1 \\ -8 & 0 & 4 \end{pmatrix}$$

$$A(0)^{-1} = \frac{1}{\det A} \text{adj}(A) = \begin{pmatrix} 2/3 & 0 & 1/6 \\ -1/6 & 1/4 & -1/24 \\ 1/3 & 0 & -1/6 \end{pmatrix}.$$

1.5.G Der Rang wird mit dem Gauß-Algorithmus bestimmt:

$$\begin{pmatrix} 1 & 3 & 1 & -2 & -3 \\ 1 & 4 & 3 & -1 & -4 \\ 2 & 3 & -4 & -7 & -3 \\ 3 & 8 & 1 & -7 & -8 \end{pmatrix} \begin{matrix} \\ -\text{I} \\ -2*\text{I} \\ -3*\text{I} \end{matrix}$$

$$\begin{pmatrix} 1 & 3 & 1 & -2 & -3 \\ 0 & 1 & 2 & 1 & -1 \\ 0 & -3 & -6 & -3 & 3 \\ 0 & -1 & -2 & -1 & 1 \end{pmatrix} \begin{matrix} \\ \\ +3*\text{II} \\ +\text{II} \end{matrix}$$

$$\begin{pmatrix} 1 & 3 & 1 & -2 & -3 \\ 0 & 1 & 2 & 1 & -1 \\ 0 & 0 & 0 & 0 & 0 \\ 0 & 0 & 0 & 0 & 0 \end{pmatrix}$$

Da nur zwei Zeilen übrigbleiben, die nicht nur aus Nullen bestehen, ist der Rang der Matrix 2.

1.5.H a) det(A) = 36 + (−1) + 0 − (−4) − 0 − 24 = 15

b) $\det(A^{-1}) = \dfrac{1}{\det(A)} = \dfrac{1}{15}$

c) $\det(A^{-1} * B) = \det(A^{-1}) * \det(B)$
det(B) = 1
⇒ $\det(A^{-1} * B) = \dfrac{1}{15} * 1 = \dfrac{1}{15}$

d) Wenn die Matrix B vollen Rang (in diesem Fall Rang 3) hat, gilt:
Rang(A∗B) = Rang(A)

Da die Determinante von B ungleich Null ist, hat B vollen Rang. Da die Determinante von A auch ungleich Null ist, hat auch A vollen Rang. Somit gilt Rang(A) = 3

⇒ Rang(A∗B) = Rang(A) = 3

1.6 Lineare Gleichungssysteme (Gauß-Algorithmus)

1.6.A Lösen Sie das lineare Gleichungssystem
$$2x_1 + x_2 + 3x_3 = 1$$
$$4x_1 + 3x_2 + 7x_3 = -1$$
$$-8x_1 + 6x_2 - 9x_3 = 8$$
mit dem Gauß-Algorithmus.

1.6.B Man löse das folgende Gleichungssystem mit dem Gauß-Algorithmus:
$$x_1 + 2x_2 + 3x_3 = 4$$
$$\wedge \quad 5x_1 + 6x_2 + 7x_3 = 8$$
$$\wedge \quad 9x_1 + 10x_2 + 11x_3 = 12$$

1.6.C Bestimmen Sie die Werte von m so, daß das Gleichungssystem in den Unbekannten x, y und z:
a) eine eindeutige Lösung hat,
b) keine Lösung hat,
c) mehr als eine Lösung hat.:
$$mx + y + z = 1$$
$$x + my = 1$$
$$x + y + z = 1$$

1.6.D Führen Sie mit dem Gauß-Algorithmus das lineare Gleichungssystem
$$2x_1 + 3x_2 + 2x_3 = 4$$
$$-2x_2 + 3x_3 = 2$$
$$2x_1 + x_2 + 5x_3 = k \quad k \in \mathbb{R}$$

in Dreiecksform über. Bestimmen Sie k so, daß das System lösbar ist, und geben Sie dann alle Lösungen an.

1.6.E Lösen Sie mit dem Gauß-Algorithmus das folgende LGS:
$$x + 2y - 3z + 2w = 2$$
$$\wedge \quad 2x + 5y - 8z + 6w = 5$$
$$\wedge \quad 3x + 4y - 5z + 2w = 4$$

1.6.F Das Modell eines Marktes für drei Güter werde durch folgendes Gleichungssystem beschrieben:

$$-cp_2 + bp_3 = 4$$
$$cp_1 \quad - ap_3 = 3$$
$$-bp_1 + ap_2 \quad = 6$$

Dabei seien $p_1, p_2, p_3 \in \mathbb{R}$ die Preise für diese Güter und $a, b, c \in \mathbb{R}$ Konstanten, welche alle nicht Null sind.

a) Zeigen Sie mit Hilfe des Gauß'schen Algorithmus, daß das System genau dann lösbar ist, wenn die Beziehung $4a + 3b + 6c$ gilt.

b) Warum existiert für keine Wahl der Konstanten $a, b, c \in \mathbb{R}$ ein eindeutig bestimmbarer Gleichgewichtsvektor $p = (p_1, p_2, p_3)$, der also eine Lösung des obigen Gleichungssystems darstellt.

1.6.G Lösen Sie mit dem Gauß-Algorithmus das folgende Gleichungssystem

$$6x_1 - 7x_2 \quad - x_4 = 1$$
$$\wedge \; 2x_1 - 3x_2 - x_3 + 4x_4 = -2$$
$$\wedge \; 2x_1 + x_2 + 2x_3 - 22x_4 = 12$$

Lösungsvorschläge zu 1.6:

Anmerkungen zu den Lösungen:

Bei den betrachteten Aufgaben sind die Variablen zumeist schon sortiert. Wenn dies bei Aufgaben nicht der Fall sein sollte, so müssen die Variablen natürlich zunächst noch sortiert werden, bevor die erweiterte Koeffizientenmatrix gebildet werden kann.

Zumeist werden bei den Lösungen passende Vielfache der einen Zeile von den anderen Zeilen addiert oder subtrahiert. Dieses Verfahren dürfte aber nur dann sinnvoll sein, wenn es sich um relativ einfache Zahlen handelt. Bei der Aufgabe 1.6.F würden sich bei diesem Verfahren Brüche ergeben, die für viele kompliziert zu handhaben sind. Daher wurden dort die Zeilen zunächst so multipliziert, daß sich das kleinste gemeinsame Vielfache ergibt. Dann lassen sich die Nullen durch einfaches Addieren oder Subtrahieren "produzieren".

Sobald man mit dem Gauß-Algorithmus die Matrix in Zeilen-Stufen-Form gebracht hat, gibt es zwei unterschiedliche Möglichkeiten zum weiteren Vorgehen. Es kann entweder weiter die Matrix umgeformt werden, oder die Matrix kann wieder in Gleichungen umgesetzt und die Lösung dann schrittweise durch Einsetzen ermittelt werden. Bei der Aufgabe 1.6.A werden beide Varianten durchgeführt. Bei den späteren Aufgaben wird dann nur eines der Verfahren benutzt. Natürlich sind beide Verfahren korrekt. Allerdings könnte es sein, daß an einigen Unis bei Aufgaben zum Gauß-Algorithmus erwartet wird, daß die Umformungen weiter in der Matrix durchgeführt werden. Einfacher dürfte für die meisten das schrittweise Einsetzen sein.

Die Lösungsmenge kann, bei unterbestimmten Gleichungssystemen, entweder als Vektorgleichung oder in Form von Gleichungen für die Variablen bestimmt werden. In der Regel sind am Ende beide Lösungsmöglichkeiten angegeben.

Bei den Lösungen zu den Aufgaben wird generell so vorgegangen, daß unterhalb der Diagonalen überall nur Nullen produziert werden, und bei unterbestimmten Gleichungssystemen werden immer die freien Variablen aus den "hintersten Spalten" gewählt. In beiden Fällen kann auch anders vorgegangen werden, möglicherweise lassen sich durch ein anderes Vorgehen in bestimmten Fällen Vereinfachungen erreichen. Allerdings werden sich bei einem anderen Vorgehen sicher häufiger Fehler einschleichen, denn dann ergibt sich keine so starke Schematisierung der Aufgaben mehr.

Wenn bei unterbestimmten Gleichungssystemen nicht die letzte(n) Variable(n) als freie Variable gewählt wird, ergibt sich natürlich eine andere Darstellung der Lösung als die nachfolgend angegebene. Vorausgesetzt, daß korrekt gerechnet wurde, sind diese Darstellungen natürlich auch richtig. Schließlich sei noch angemerkt, daß die frei wählbaren Variablen nachfolgend nicht umbenannt werden. Bisweilen ist es üblich, diese in λ (μ, ν) umzubenennen.

1.6.A Zunächst wird die erweiterte Koeffizienten-Matrix aufgestellt:

$$\begin{pmatrix} 2 & 1 & 3 & 1 \\ 4 & 3 & 7 & -1 \\ -8 & 6 & -9 & 8 \end{pmatrix} \begin{array}{l} -2*\text{I (es wird zweimal die erste Zeile subtrahiert)} \\ +4*\text{I (es wird viermal die erste Zeile addiert)} \end{array}$$

$$\begin{pmatrix} 2 & 1 & 3 & 1 \\ 0 & 1 & 1 & -3 \\ 0 & 10 & 3 & 12 \end{pmatrix} -10*\text{II}$$

$$\begin{pmatrix} 2 & 1 & 3 & 1 \\ 0 & 1 & 1 & -3 \\ 0 & 0 & -7 & 42 \end{pmatrix} /(-7)$$

$$\begin{pmatrix} 2 & 1 & 3 & 1 \\ 0 & 1 & 1 & -3 \\ 0 & 0 & 1 & -6 \end{pmatrix}$$

Natürlich hätte die erste Zeile auch schon längst durch 2 geteilt werden können, um zu erreichen, daß in der Diagonalen überall Einsen stehen. Hier dürfte es aber einfacher sein, dies erst am Ende der Rechnung durchzuführen.

Nachdem die Matrix nun in Zeilen-Stufen-Form gebracht wurde, gibt es zwei verschiedene Möglichkeiten, die Aufgabe zuende zu lösen. Einerseits kann die Matrix wieder in Gleichungen umgeschrieben werden; aus der untersten Zeile ergibt sich dann ein Wert für x_3. Dieser kann in der nächst höheren Zeile für x_3 eingesetzt werden. Auf diese Weise kann dann ein Wert für x_2 ermittelt werden usw. . Dieses Verfahren dürfte in der Regel das einfachere Vorgehen sein.

Die Berechnung kann aber auch weiter in der Matrix erfolgen. In diesem Fall müssen auch "oben" Nullen produziert werden.

Nachfolgend werden beide Verfahren skizziert:

a) schrittweises Einsetzen:

$x_3 = -6$
$\Rightarrow x_2 + (-6) = -3 \Leftrightarrow x_2 = 3$
$\Rightarrow 2x_1 + 3 + 3(-6) = 1 \Leftrightarrow 2x_1 = 16 \Leftrightarrow x_1 = 8$
Die Lösung lautet also $x_3 = -6$, $x_2 = 3$ und $x_1 = 8$
oder als Lösungsmenge: $|L = \{(8, 3, -6)\}$

b) alternativ weiter mit Matrixumformungen:

$$\begin{pmatrix} 2 & 1 & 3 & 1 \\ 0 & 1 & 1 & -3 \\ 0 & 0 & 1 & -6 \end{pmatrix} \begin{matrix} -3*III \\ -III \\ \end{matrix}$$

$$\begin{pmatrix} 2 & 1 & 0 & 19 \\ 0 & 1 & 0 & 3 \\ 0 & 0 & 1 & -6 \end{pmatrix} \begin{matrix} -II \\ \\ \end{matrix}$$

$$\begin{pmatrix} 2 & 0 & 0 & 16 \\ 0 & 1 & 0 & 3 \\ 0 & 0 & 1 & -6 \end{pmatrix} \begin{matrix} /2 \\ \\ \end{matrix}$$

$$\begin{pmatrix} 1 & 0 & 0 & 8 \\ 0 & 1 & 0 & 3 \\ 0 & 0 & 1 & -6 \end{pmatrix}$$

Wenn man dies nun wieder in Gleichungen umsetzt, ergibt sich:
$x_1 = 8$, $x_2 = 3$ und $x_3 = -6$
oder als Lösungsmenge: $|L = \{(8, 3, -6)\}$

1.6.B Die erweiterte Koeffizientenmatrix ergibt sich zu:

$$\begin{pmatrix} 1 & 2 & 3 & 4 \\ 5 & 6 & 7 & 8 \\ 9 & 10 & 11 & 12 \end{pmatrix} \begin{matrix} \\ -5*I \\ -9*I \end{matrix}$$

$$\begin{pmatrix} 1 & 2 & 3 & 4 \\ 0 & -4 & -8 & -12 \\ 0 & -8 & -16 & -24 \end{pmatrix} \begin{matrix} \\ \\ -2*II \end{matrix}$$

$$\begin{pmatrix} 1 & 2 & 3 & 4 \\ 0 & -4 & -8 & -12 \\ 0 & 0 & 0 & 0 \end{pmatrix} \begin{matrix} \\ /(-4) \\ \end{matrix}$$

$$\begin{pmatrix} 1 & 2 & 3 & 4 \\ 0 & 1 & 2 & 3 \\ 0 & 0 & 0 & 0 \end{pmatrix} \begin{matrix} -2*II \\ \\ \end{matrix}$$

$$\begin{pmatrix} 1 & 0 & -1 & -2 \\ 0 & 1 & 2 & 3 \\ 0 & 0 & 0 & 0 \end{pmatrix}$$

Damit ergeben sich folgende Gleichungen (in der letzten Zeile wird statt 0=0 $x_3=x_3$ geschrieben):

$$\begin{matrix} x_1 & -x_3 & = -2 & | +x_3 \\ & x_2 +2x_3 & = 3 & | -2x_3 \\ & x_3 & = x_3 & \end{matrix}$$

Durch die Umformungen ergibt sich:

$$\begin{matrix} x_1 & = -2 & + x_3 \\ x_2 & = 3 & -2x_3 \\ x_3 & = 0 & + x_3 \end{matrix}$$

Als Vektorgleichung folgt nun:

$$\begin{pmatrix} x_1 \\ x_2 \\ x_3 \end{pmatrix} = \begin{pmatrix} -2 \\ 3 \\ 0 \end{pmatrix} + x_3 * \begin{pmatrix} 1 \\ -2 \\ 1 \end{pmatrix}$$

(Dieses ist eine Geradengleichung in Punkt-Richtungsform; der erste Vektor auf der rechten Seite ist der Aufpunktvektor und der zweite der Richtungsvektor, der Lösungsraum stellt also eine Gerade dar.)

Die Lösungsmenge lautet also:

$$\mathbb{L} = \left\{ \begin{pmatrix} x_1 \\ x_2 \\ x_3 \end{pmatrix} \middle| \begin{pmatrix} x_1 \\ x_2 \\ x_3 \end{pmatrix} = \begin{pmatrix} -2 \\ 3 \\ 0 \end{pmatrix} + x_3 * \begin{pmatrix} 1 \\ -2 \\ 1 \end{pmatrix} ; x_3 \in \mathbb{R} \right\}$$

Natürlich muß die Lösungsmenge nicht in Vektorform angegeben werden. Alternativ ergibt sich:

$$\mathbb{L} = \{(x_1, x_2, x_3) | x_1 = x_3 - 2 \wedge x_2 = -2x_3 + 3 ; x_3 \in \mathbb{R}\}$$

1.6.C a) Ein Gleichungssystem ist genau dann eindeutig lösbar, wenn der Rang der Koeffizientenmatrix dem Rang der erweiterten Koeffizientenmatrix entspricht und dieser Rang auch der Anzahl der Variablen des Gleichungssystems entspricht. In diesem Fall hat das Gleichungssystem 3 Variable, der Rang der Koeffizientenmatrix muß also ebenfalls gleich drei sein. Da nur 3 Gleichungen vorliegen ist in diesen Fällen der Rang der erweiterten Koeffizientenmatrix auch gleich drei. Den Rang der Koeffizientenmatrix überprüft man am einfachsten, indem man die Determinante dieser Matrix bestimmt und mit Null gleichsetzt:

$$\det \begin{pmatrix} m & 1 & 1 \\ 1 & m & 0 \\ 1 & 1 & 1 \end{pmatrix} = m^2 + 1 - m - 1 = m^2 - m$$

$m^2 - m = 0 \Leftrightarrow m(m-1) = 0 \Leftrightarrow m = 0 \quad m - 1 = 0 \Leftrightarrow m = 1$

In den Fällen, wo die Determinante ungleich Null ist, hat die Matrix vollen Rang. Im vorliegenden Fall hat die Matrix dann also den Rang 3 und das Gleichungssystem ist entsprechend den vorherigen Ausführungen eindeutig lösbar. Somit gilt:

Für $m \in \mathbb{R} \setminus \{0, 1\}$ ist das Gleichungssystem eindeutig lösbar.

b) und c) In den Fällen wo das Gleichungssystem nicht eindeutig lösbar ist, also wenn m = o oder m = 1 gilt, ist das System gar nicht oder mehrdeutig lösbar. Für die beiden Fälle wird nachfolgend der Rang der Koeffizientenmatrix und der erweiterten Koeffizientenmatrix bestimmt:

m = 0

$$\begin{pmatrix} 0 & 1 & 1 & \vdots & 1 \\ 1 & 0 & 0 & \vdots & 1 \\ 1 & 1 & 1 & \vdots & 1 \end{pmatrix} \text{-II}$$

$$\begin{pmatrix} 0 & 1 & 1 & \vdots & 1 \\ 1 & 0 & 0 & \vdots & 1 \\ 0 & 1 & 1 & \vdots & 0 \end{pmatrix} \text{-I}$$

$$\begin{pmatrix} 0 & 1 & 1 & \vdots & 1 \\ 1 & 0 & 0 & \vdots & 1 \\ 0 & 0 & 0 & \vdots & -1 \end{pmatrix}$$

Der Rang der Koeffizientenmatrix ist somit gleich 2 und der Rang der erweiterten Koeffizientenmatrix 3. Für m = 0 ist das Gleichungssystem also nicht lösbar.

m = 1

$$\begin{pmatrix} 1 & 1 & 1 & \vdots & 1 \\ 1 & 1 & 0 & \vdots & 1 \\ 1 & 1 & 1 & \vdots & 1 \end{pmatrix} \begin{matrix} \\ \text{-I} \\ \text{-I} \end{matrix}$$

$$\begin{pmatrix} 1 & 1 & 1 & \vdots & 1 \\ 0 & 0 & -1 & \vdots & 0 \\ 0 & 0 & 0 & \vdots & 0 \end{pmatrix}$$

Der Rang der Koeffizientenmatrix und der Rang der erweiterten Koeffizientenmatrix beträgt in diesem Fall 2. Somit ist das Gleichungssystem für m = 1 mehrdeutig lösbar.

1.6.D Zunächst wird die erweiterte Koeffizientenmatrix aufgestellt:

$$\begin{pmatrix} 2 & 3 & 2 & 4 \\ 0 & -2 & 3 & 2 \\ 2 & 1 & 5 & k \end{pmatrix} \text{-I}$$

$$\begin{pmatrix} 2 & 3 & 2 & 4 \\ 0 & -2 & 3 & 2 \\ 0 & -2 & 3 & k-4 \end{pmatrix} \text{-II}$$

$$\begin{pmatrix} 2 & 3 & 2 & 4 \\ 0 & -2 & 3 & 2 \\ 0 & 0 & 0 & k-6 \end{pmatrix}$$

Wenn man diesen Ausdruck nun wieder in Gleichungen übersetzt, so liefert die letzte Gleichung: $0 = k-6 \Leftrightarrow k = 6$. Da diese Gleichung erfüllt sein muß, ist das System nur für k=6 lösbar.

Mit k=6 ergibt sich nun die letzte Zeile zu einer Nullzeile. Da bei 3 Variablen nur 2 Zeilen verbleiben, die nicht nur aus Nullen bestehen, ist das Gleichungssystem einfach unterbestimmt. x_3 wird nun als Variable gewählt. Aus den verbleibenden Gleichungen ergibt sich:

aus II $\Rightarrow -2x_2 + 3x_3 = 2 \Leftrightarrow -2x_2 = 2 - 3x_3 \Leftrightarrow$ **$x_2 = 1{,}5x_3 - 1$**
aus III $\Rightarrow 2x_1 + 3(1{,}5x_3 - 1) + 2x_3 = 4$
$\Leftrightarrow 2x_1 + 4{,}5x_3 - 3 + 2x_3 = 4 \Leftrightarrow 2x_1 = -6{,}5x_3 + 7$
$\Leftrightarrow$ **$x_1 = -3{,}25x_3 + 3{,}5$**

Somit ergibt sich als Lösungsmenge:
$$\mathbb{L} = \{(x_1, x_2, x_3) | x_1 = -3{,}25x_3 + 3{,}5 \wedge x_2 = 1{,}5x_3 - 1 \, ; x_3 \in \mathbb{R}\}$$

1.6.E Die erweiterte Koeffizientenmatrix ergibt sich zu:

$$\begin{pmatrix} 1 & 2 & -3 & 2 & 2 \\ 2 & 5 & -8 & 6 & 5 \\ 3 & 4 & -5 & 2 & 4 \end{pmatrix} \begin{matrix} \\ -2*\mathrm{I} \\ -3*\mathrm{I} \end{matrix}$$

$$\begin{pmatrix} 1 & 2 & -3 & 2 & 2 \\ 0 & 1 & -2 & 2 & 1 \\ 0 & -2 & 4 & -4 & -2 \end{pmatrix} \begin{matrix} \\ \\ +2*\mathrm{II} \end{matrix}$$

$$\begin{pmatrix} 1 & 2 & -3 & 2 & 2 \\ 0 & 1 & -2 & 2 & 1 \\ 0 & 0 & 0 & 0 & 0 \end{pmatrix} \begin{matrix} -2*\mathrm{II} \\ \\ \end{matrix}$$

Da in diesem Fall bei 4 Variablen nur 2 Zeilen übrig bleiben, ergibt sich eine zweidimensionale Lösungsmenge. In diesem Fall werden z und w als Variable gewählt, so daß nur noch in der zweiten Spalte (der y Spalte) eine Null "produziert wird".

$$\begin{pmatrix} 1 & 0 & 1 & -2 & 0 \\ 0 & 1 & -2 & 2 & 1 \\ 0 & 0 & 0 & 0 & 0 \end{pmatrix}$$

Damit ergeben sich folgende Gleichungen
$$x \quad\quad +z \;\; -2w = 0$$
$$\quad y \;\; -2z \;\;\; 2w = 1$$

Statt der dritten Gleichung 0=0 kann wie zuvor z=z geschrieben werden. Da es sich um vier Variable handelt, aber nur drei Gleichungen vorhanden sind, fügt man nun noch die Identität w=w als vierte Gleichung hinzu. Man darf diese Gleichung einfach hinzufügen, da sie ja immer erfüllt ist und somit die Lösungsmenge des Gleichungssystems nicht weiter einschränkt. (Die beiden Gleichungen z=z und w=w werden hinzugefügt, weil sich die Gleichungen sehr einfach in eine Vektorgleichung überführen lassen)

1.6 Lineare Gleichungssysteme

$$\begin{array}{rrrrlll} x & & +z & -2w & = & 0 & |-z+2w \\ & y & -2z & +2w & = & 1 & |+2z-2w \\ & & z & & = & z & \\ & & & w & = & w & \end{array}$$

$$\begin{array}{rclrr} x & = & 0 & -z & +2w \\ y & = & 1 & +2z & -2w \\ z & = & 0 & +z & \\ w & = & 0 & & +w \end{array}$$

Als Vektorgleichung folgt nun:

$$\begin{pmatrix} x \\ y \\ z \\ w \end{pmatrix} = \begin{pmatrix} 0 \\ 1 \\ 0 \\ 0 \end{pmatrix} + z * \begin{pmatrix} -1 \\ 2 \\ 1 \\ 0 \end{pmatrix} + w * \begin{pmatrix} 2 \\ -2 \\ 0 \\ 1 \end{pmatrix}$$

Die Lösungsmenge lautet also:

$$\mathbb{L} = \left\{ \begin{pmatrix} x \\ y \\ z \\ w \end{pmatrix} \middle| \begin{pmatrix} x \\ y \\ z \\ w \end{pmatrix} = \begin{pmatrix} 0 \\ 1 \\ 0 \\ 0 \end{pmatrix} + z * \begin{pmatrix} -1 \\ 2 \\ 1 \\ 0 \end{pmatrix} + w * \begin{pmatrix} 2 \\ -2 \\ 0 \\ 1 \end{pmatrix} ; z, w \in \mathbb{R} \right\}$$

oder $\mathbb{L} = \{(x, y, z, w) | \; x = -z + 2w \land y = 2z - 2w + 1; z, w \in \mathbb{R}\}$

1.6.F a) Hier muß zunächst der Gauß-Algorithmus angewendet werden, bis die Matrix in Zeilen-Stufen-Form ist. Dann muß die Lösbarkeitsbedingung überprüft werden. Die Variablen sind p_1, p_2 und p_3. Somit ergibt sich für die erweiterte Koeffizientenmatrix:

$$\begin{pmatrix} 0 & -c & b & 4 \\ c & 0 & -a & 3 \\ -b & a & 0 & 6 \end{pmatrix}$$

Da oben links eine Null steht, werden zunächst die ersten beiden Zeilen vertauscht:

$$\begin{pmatrix} c & 0 & -a & 3 \\ 0 & -c & b & 4 \\ -b & a & 0 & 6 \end{pmatrix} \begin{array}{l} *b \\ \\ *c \end{array}$$

Die Koeffizienten werden auf das kleinste gemeinsame Vielfache gebracht. Auf diese Weise werden die sich ansonsten ergebenden Brüche umgangen.

$$\begin{pmatrix} bc & 0 & -ab & 3b \\ 0 & -c & b & 4 \\ -bc & ac & 0 & 6c \end{pmatrix} +I$$

$$\begin{pmatrix} bc & 0 & -ab & 3b \\ 0 & -c & b & 4 \\ 0 & ac & -ab & 3b+6c \end{pmatrix} *a$$

$$\begin{pmatrix} bc & 0 & -ab & 3b \\ 0 & -ac & ab & 4a \\ 0 & ac & -ab & 3b+6c \end{pmatrix} +II$$

$$\begin{pmatrix} bc & 0 & -ab & 3b \\ 0 & -ac & ab & 4a \\ 0 & 0 & 0 & 4a+3b+6c \end{pmatrix}$$

In Gleichungen übertragen, steht in der letzten Zeile:

$0 = 4a + 3b + 6c$

Nur wenn diese Gleichung erfüllt ist, kann das Gleichungssystem lösbar sein. Zu prüfen ist nun noch, ob das Gleichungssystem in jedem Fall lösbar ist, wenn diese Gleichung erfüllt ist. Da die Konstanten alle ungleich Null sind, ist, wenn die Gleichung erfüllt ist, sowohl der Rang der Koeffizientenmatrix als auch der Rang der erweiterten Koeffizientenmatrix zwei. Da beide Matrizen denselben Rang haben, ist das Gleichungssystem dann immer lösbar.

b) Das Gleichungssystem hat 3 Variable. Für den Fall, bei dem das Gleichungssystem lösbar ist, ist der Rang der erweiterten Koeffizientenmatrix 2. Da der Rang kleiner als die Anzahl der Variablen ist, handelt es sich um ein unterbestimmtes Gleichungssystem und es existiert keine eindeutige Lösung für den Gleichgewichtspreisvektor.

1.6.G Die erweiterte Koeffizientenmatrix lautet:

$$\begin{pmatrix} 6 & -7 & 0 & -1 & 1 \\ 2 & -3 & -1 & 4 & -2 \\ 2 & 1 & 2 & -22 & 12 \end{pmatrix} \begin{matrix} \\ *3 \\ *3 \end{matrix}$$

Die Koeffizienten werden auf das kleinste gemeinsame Vielfache gebracht. Auf diese Weise werden die sich ansonsten ergebenden Brüche umgangen.

$$\begin{pmatrix} 6 & -7 & 0 & -1 & 1 \\ 6 & -9 & -3 & 12 & -6 \\ 6 & 3 & 6 & -66 & 36 \end{pmatrix} \begin{matrix} \\ -I \\ -I \end{matrix}$$

$$\begin{pmatrix} 6 & -7 & 0 & -1 & 1 \\ 0 & -2 & -3 & 13 & -7 \\ 0 & 10 & 6 & -65 & 35 \end{pmatrix} *5$$

$$\begin{pmatrix} 6 & -7 & 0 & -1 & 1 \\ 0 & -10 & -15 & 65 & -35 \\ 0 & 10 & 6 & -65 & 35 \end{pmatrix} +\text{II}$$

$$\begin{pmatrix} 6 & -7 & 0 & -1 & 1 \\ 0 & -10 & -15 & 65 & -35 \\ 0 & 0 & -9 & 0 & 0 \end{pmatrix} \begin{matrix} -5/3*\text{III} \\ /(-9) \end{matrix}$$

$$\begin{pmatrix} 6 & -7 & 0 & -1 & 1 \\ 0 & -10 & 0 & 65 & -35 \\ 0 & 0 & 1 & 0 & 0 \end{pmatrix} \begin{matrix} *2 \\ *7/5 \end{matrix}$$

$$\begin{pmatrix} 12 & -14 & 0 & -2 & 2 \\ 0 & -14 & 0 & 91 & -49 \\ 0 & 0 & 1 & 0 & 0 \end{pmatrix} -\text{II}$$

$$\begin{pmatrix} 12 & 0 & 0 & -93 & 51 \\ 0 & -14 & 0 & 91 & -49 \\ 0 & 0 & 1 & 0 & 0 \end{pmatrix} \begin{matrix} /12 \\ /(-14) \end{matrix}$$

$$\begin{pmatrix} 1 & 0 & 0 & -31/4 & 17/4 \\ 0 & 1 & 0 & -13/2 & 7/2 \\ 0 & 0 & 1 & 0 & 0 \end{pmatrix}$$

$$\Rightarrow \mathbb{L} = \left\{ \begin{pmatrix} x_1 \\ x_2 \\ x_3 \\ x_4 \end{pmatrix} \bigg| \begin{pmatrix} x_1 \\ x_2 \\ x_3 \\ x_4 \end{pmatrix} = \begin{pmatrix} 17/4 \\ 7/2 \\ 0 \\ 0 \end{pmatrix} + x_4 \begin{pmatrix} 31/4 \\ 13/2 \\ 0 \\ 1 \end{pmatrix}, x_4 \in \mathbb{R} \right\}$$

1.7 Weitere Aufgaben der linearen Algebra

1.7.A Gegeben ist das Matrizenpolynom $f(X) = X^2 - X - 8I$, I= Einheitsmatrix.

Eine Matrix X_0 heißt Nullstelle von f, wenn $f(X_0) = 0$ ist. Prüfen Sie, ob

$$X_0 = \begin{pmatrix} 2 & 2 \\ 3 & -1 \end{pmatrix} \quad \text{Nullstelle von f ist.}$$

1.7.B Gegeben ist die Matrix

$$A = \begin{pmatrix} 1 & 0 & -6 \\ 1 & 2 & 0 \\ 0 & 1 & 3 \end{pmatrix}$$

Eine reelle Zahl λ heißt Eigenwert von A, wenn $\det(A - \lambda I) = 0$ ist (I= Einheitsmatrix). Schreiben Sie $(A - \lambda I)$ explizit hin, und berechnen Sie alle reellen Eigenwerte von A.

1.7.C Gegeben seien die beiden Vektoren

$v^T = (1, -3, 2)$ und $w^T = (-2, 6, -4)$

a) Welche Vektoren $x, y \in \mathbb{R}^3$ lösen das Gleichungssystem

$2x + 4y = v$ und $3x - 2y = w$?

b) Ist das Lösungspaar linear unabhängig?

Lösungsvorschläge zu 1.7:

1.7.A X_0 muß einfach für X in die Funktion eingesetzt werden:

$$X_0^2 - X_0 - 8I = \begin{pmatrix} 2 & 2 \\ 3 & -1 \end{pmatrix} * \begin{pmatrix} 2 & 2 \\ 3 & -1 \end{pmatrix} - \begin{pmatrix} 2 & 2 \\ 3 & -1 \end{pmatrix} - \begin{pmatrix} 8 & 0 \\ 0 & 8 \end{pmatrix}$$

$$= \begin{pmatrix} 10 & 2 \\ 3 & 7 \end{pmatrix} - \begin{pmatrix} 2 & 2 \\ 3 & -1 \end{pmatrix} - \begin{pmatrix} 8 & 0 \\ 0 & 8 \end{pmatrix} = \begin{pmatrix} 0 & 0 \\ 0 & 0 \end{pmatrix}$$

Also ist X_0 Nullstelle von f.

1.7.B

$$A - \lambda I = \begin{pmatrix} 1 & 0 & -6 \\ 1 & 2 & 0 \\ 0 & 1 & 3 \end{pmatrix} - \begin{pmatrix} \lambda & 0 & 0 \\ 0 & \lambda & 0 \\ 0 & 0 & \lambda \end{pmatrix} = \begin{pmatrix} 1-\lambda & 0 & -6 \\ 1 & 2-\lambda & 0 \\ 0 & 1 & 3-\lambda \end{pmatrix}$$

$\det(A - \lambda I) = (1-\lambda)(2-\lambda)(3-\lambda) - 6$
$= 6 - \lambda^3 + 6\lambda^2 - 11\lambda - 6 = -\lambda^3 + 6\lambda^2 - 11\lambda$

Eigenwerte liegen vor, wenn $\det(A - \lambda I) = 0$ gilt. Also:

$-\lambda^3 + 6\lambda^2 - 11\lambda = 0 \Leftrightarrow (6\lambda - 11 - \lambda^2)\lambda = 0$

$\Leftrightarrow \lambda = 0$ oder $-11 + 6\lambda - \lambda^2 = 0$

$\Leftrightarrow \lambda = 0$ oder $\lambda^2 - 6\lambda + 11 = 0$

$\Leftrightarrow \lambda = 0$ oder $(\lambda - 3)^2 - 9 + 11 = 0$

$\Leftrightarrow \lambda = 0$ oder $(\lambda - 3)^2 = -2$

$\Leftrightarrow \lambda = 0$ oder $\lambda - 3 = \pm\sqrt{-2}$

Da die Wurzel aus einer negativen Zahl in $\mathbb{R}$ nicht definiert ist, ist $\lambda = 0$ der einzige reelle Eigenwert.

1.7.C

a) Hier muß einfach das Gleichungssystem gelöst werden. Die beiden Gleichungen müssen jeweils für alle ihre Komponenten gelten, so daß es sich insgesamt um 6 Gleichungen handelt. x und y sind Vektoren mit jeweils drei Komponenten, die hier durch $x_1, x_2, x_3, y_1 \ldots$ bezeichnet werden.

$2x_1 + 4y_1 = 1 \qquad 3x_1 - 2y_1 = -2$
$2x_2 + 4y_2 = -3 \qquad 3x_2 - 2y_2 = 6$
$2x_3 + 4y_3 = 2 \qquad 3x_3 - 2y_3 = -4$

An sich liegt nun also ein Gleichungssystem mit 6 Gleichungen und 6 Unbekannten vor. Allerdings kommen in jeder Gleichung nur zwei Unbekannte vor, und bei den in der gleichen Zeile stehenden Gleichungen sind es die gleichen Unbekannten. Die hinteren Gleichungen werden jetzt alle mit 2 malgenommen und dann mit den vorderen addiert:

$2x_1 + 4y_1 = 1 \qquad +(6x_1 - 4y_1 = -4) \qquad 8x_1 = -3 \Leftrightarrow x_1 = -\frac{3}{8}$

$2x_2 + 4y_2 = -3 \qquad +(6x_2 - 4y_2 = 12) \qquad 8x_2 = 9 \Leftrightarrow x_2 = \frac{9}{8}$

$2x_3 + 4y_3 = 2 \qquad +(6x_3 - 4y_3 = -8) \qquad 8x_3 = -6 \Leftrightarrow x_3 = -\frac{3}{4}$

Durch Einsetzen der x Werte können nun die y Werte ermittelt werden.

$$2(-\tfrac{3}{8}) + 4y_1 = 1 \quad \Leftrightarrow \quad y_1 = \tfrac{7}{16}$$
$$2\tfrac{9}{8} + 4y_2 = -3 \quad \Leftrightarrow \quad y_2 = -\tfrac{21}{16}$$
$$2(-\tfrac{3}{4}) + 4y_3 = 2 \quad \Leftrightarrow \quad y_3 = \tfrac{7}{8}$$

b) Die lineare Unabhängigkeit des Lösungspaares kann man mit dem Gauß-Algorithmus überprüfen.

$$\begin{pmatrix} -\tfrac{3}{8} & \tfrac{9}{8} & -\tfrac{3}{4} \\ \tfrac{7}{16} & -\tfrac{21}{16} & \tfrac{7}{8} \end{pmatrix} * \tfrac{7}{6}$$

$$\begin{pmatrix} -\tfrac{7}{16} & \tfrac{21}{16} & -\tfrac{7}{8} \\ \tfrac{7}{16} & -\tfrac{21}{16} & \tfrac{7}{8} \end{pmatrix} + I$$

$$\begin{pmatrix} -\tfrac{7}{16} & \tfrac{21}{16} & -\tfrac{7}{8} \\ 0 & 0 & 0 \end{pmatrix}$$

Somit sind die Vektoren linear abhängig. (Da es sich hier nur um zwei Vektoren handelt, hätte auch geprüft werden können, ob der eine Vektor ein Vielfaches des anderen ist.)

1.8 Lineare Optimierung

1.8.A Die Fahrradfabrik Fahr produziert von einem Leichtmetallrad zwei Typen, ein Herrenrad (H) und ein Damenrad (D). Beide Typen unterscheiden sich konstruktionsmäßig im wesentlichen nur in zwei Punkten, dem Rahmen und der Gangschaltung. Daher ist die Fertigung beider Typen weitgehend identisch. Sie geschieht in zwei aneinandergrenzenden Werkstätten (W_1 und W_2), die über eine Personalkapazität von 960 Stunden bzw. 800 Stunden pro Monat verfügen. Jedes Fahrrad muß beide Werkstätten durchlaufen. Dabei werden für die Montage eines Rades benötigt:

	H	D
W_1	1/4h	1/3h
W_2	1/3h	1/3h

Der Rahmenhersteller kann monatlich höchstens 800 Rahmen für Herrenräder und 2000 Rahmen für Damenräder liefern. Für ein H wird ein Preis von 600 DM und für ein D ein Preis von 450 DM erzielt. Welche Stückzahlen der Radtypen sind herzustellen, wenn der Umsatz maximiert werden soll?

1.8.B Gegeben sei folgendes Maximierungsproblem:

$-20x + 56y + 40z \leq 0$

$0{,}3x + 1{,}5y + 2{,}3z \leq 4.000$

$x + y + z \leq 6.000$

Die Zielfunktion lautet:

$3x + 4y + 4z + 6.000$

Bestimmen Sie die maximale Lösung und geben Sie auch den sich hierbei ergebenden maximalen Wert der Zielfunktion an.

Lösungsvorschläge zu 1.8

Insbesondere bei der ersten Aufgabe sind die einzelnen Lösungsschritte sehr ausführlich erklärt worden.

1.8.A Zunächst müssen die angegebenen Zusammenhänge in Bedingungen umgesetzt werden. Hierbei ergeben sich aufgrund der Kapazitätsbeschränkung des Rahmenherstellers folgende Bedingungen:

$H \leq 800$

$D \leq 2.000$

Weiterhin dürfen die Produktionsmengen natürlich nicht negativ sein:

$H \geq 0$, $D \geq 0$

Die Zielfunktion ist der Umsatz, für den gilt:

$U = 600\,H + 450\,D$

Da die beschränkenden Größen in den Ungleichungen alle nichtnegativ sind, liegt ein lineares Programm in Standardform vor. Durch die Einführung von nichtnegativen Schlupfvariablen werden die Nebenbedingungen zu Gleichungen gemacht, so daß sich folgende Gleichungen ergeben:

$$\frac{1}{4}H + \frac{1}{3}D + u_1 = 960$$

$$\frac{1}{3}H + \frac{1}{3}D + u_2 = 800$$

$$H + u_3 = 800$$

$$D + u_4 = 2.000$$

Da die Schlupfvariablen nichtnegativ sind, wird durch diese 4 Gleichungen genau derselbe Sachverhalt wie zuvor durch die 4 Ungleichungen beschrieben.

Zur weiteren Lösung wird der **Simplexalgorithmus** verwendet, bei dem es sich um einen modifizierten Gauß-Algorithmus handelt. Ähnlich wie beim Gauß-Algorithmus werden die Gleichungen zunächst in einem Tableau zusammengefaßt:

$\frac{1}{4}$	$\frac{1}{3}$	1	0	0	0	960
$\frac{1}{3}$	$\frac{1}{3}$	0	1	0	0	800
1	0	0	0	1	0	800
0	1	0	0	0	1	2.000
600	450	0	0	0	0	0

In der untersten Zeile wurden zusätzlich die Koeffizienten der Zielfunktion eingetragen. In der rechten unteren Ecke wird der Wert, der sich für die Zielfunktion ergibt, wenn alle Variablen Null sind, mit einem negativem Vorzeichen versehen, eingetragen. In diesem Fall ist der Wert Null.

Zunächst ist es sinnvoll, die Brüche zu beseitigen, indem die erste Zeile mit 12 und die zweite Zeile mit 3 multipliziert wird:

$\frac{1}{4}$	$\frac{1}{3}$	1	0	0	0	960	*12
$\frac{1}{3}$	$\frac{1}{3}$	0	1	0	0	800	*3
1	0	0	0	1	0	800	
0	1	0	0	0	1	2.000	
600	450	0	0	0	0	0	

3	4	12	0	0	0	11.520
1	1	0	3	0	0	2.400
1	0	0	0	1	0	800
0	1	0	0	0	1	2.000
600	450	0	0	0	0	0

In dem Tableau wird nun zunächst die **Pivotspalte** bestimmt. Hierzu sucht man in der letzten Zeile einen positiven Wert. In diesem Fall wird die 600 ausgewählt. Man hätte aber genausogut die 450 auswählen können. Die 600 steht in der ersten Spalte, somit ist die erste Spalte die Pivotspalte. In der Pivotspalte wird nun die Zeile gesucht, bei der die Begrenzung durch die Bedingungen zuerst greift. Hierzu wird jeweils das letzte Element der Zeile durch den Wert in der Pivotspalte geteilt. In der ersten Zeile wird also bespielsweise 11.520 durch 3 geteilt. Die sich ergebenden Werte, die man auch **charakteristische Quotienten** nennt, sind nachfolgend am Ende des Tableaus notiert:

3	4	12	0	0	0	11.520	3.840
1	1	0	3	0	0	2.400	2.400
1	0	0	0	1	0	800	800
0	1	0	0	0	1	2.000	$\sim\infty$
600	450	0	0	0	0	0	

Die errechneten Werte geben an, wieviel von dem Produkt auf Grund des jeweiligen Engpasses maximal produziert werden können. Hierbei wird also unterstellt, daß die gesamte Kapazität des Engpasses nur für dieses Produkt verwendet wird. Der niedrigste Wert stellt die stärkste Restriktion dar. In diesem Fall ergibt sich in der dritten Zeile der niedrigste Wert von 800. Die entsprechende Zeile nennt man **Pivotzeile**.

Das Element, daß sowohl in der Pivotspalte, als auch in der Pivotzeile liegt nennt man **Pivotelement**. In diesem Fall ist das Pivotelement 1 (wie im nachfolgenden Tableau fett hervorgehoben). Mittels dem beim Gauß-Algorithmu verwendeten Verfahren werden nun in der Pivotspalte Nullen produziert, so daß in dieser Spalte nur das Pivotelement ungleich Null ist:

3	4	12	0	0	0	11.520	-3III
1	1	0	3	0	0	2.400	-III
1	0	0	0	1	0	800	
0	1	0	0	0	1	2.000	
600	450	0	0	0	0	0	-600III

In der letzten Spalte des Tableaus ist jeweils angegeben, das "wievielfache" welcher Zeile zu der jeweiligen Zeile addiert oder subtrahiert wird. Es ergibt sich:

0	4	12	0	-3	0	9.120
0	1	0	3	-1	0	1.600
1	0	0	0	1	0	800
0	1	0	0	0	1	2.000
0	450	0	0	-600	0	-480.000

Nun wird das nächstgrößte Element in der untersten Zeile ausgewählt. In diesem Fall ist es die 450. Somit ist nun die zweite Spalte die Pivotspalte. Am Ende des nachfolgenden Tableaus sind die charakteristischen Quotienten für die neue Pivotspalte berechnet:

0	4	12	0	-3	0	9.120	2.280
0	1	0	3	-1	0	1.600	1.600
1	0	0	0	1	0	800	~∞
0	1	0	0	0	1	2.000	2.000
0	450	0	0	-600	0	-480.000	

Der niedrigste Wert von 1.600 ergibt sich in der zweiten Zeile, die somit zur Pivotzeile wird. Mittels des nachfolgend fett hervorgehobenen Pivotelementes werden nun Nullen in der Pivotspalte produziert:

0	4	12	0	-3	0	9.120	-4II
0	1	0	3	-1	0	1.600	
1	0	0	0	1	0	800	
0	1	0	0	0	1	2.000	-II
0	450	0	0	-600	0	-480.000	-450II

Es ergibt sich:

0	0	12	-12	1	0	2.720
0	1	0	3	-1	0	1.600
1	0	0	0	1	0	800
0	0	0	-3	1	1	400
0	0	0	-1.350	-150	0	-1.200.000

In der untersten Zeile stehen nun nur noch negative Werte. Das System ist gelöst. Die Lösung kann man in dem Tableau erkennen. Die beiden Ausgangsvariablen H und D waren in den ersten beiden Spalten eingetragen worden. In der ersten Spalte, der Spalte für H, steht lediglich in der dritten Zeile keine Null. Der Wert, der ganz rechts in der Zeile steht, ist die Lösung für H. Analog ergibt sich als Lösung für D der Wert ganz rechts in der zweiten Zeile. Somit lautet die Lösung:

$H = 800$, $D = 1.600$

1.8.B Als Ausgangstableau ergibt sich:

-20	56	40	1	0	0	0
0,3	1,5	2,3	0	1	0	4.000
1	1	1	0	0	1	6.000
3	4	4	0	0	0	-6.000

Als Pivotspalte wird die erste Spalte gewählt. Nun werden die charakteristischen Quotienten bestimmt:

-20	56	40	1	0	0	0	/
0,3	1,5	2,3	0	1	0	4.000	13.333,$\overline{3}$
1	1	1	0	0	1	6.000	6.000
3	4	4	0	0	0	-6.000	

In der ersten Zeile ist das Element in der Pivotspalte negativ. In solchen Fällen ergibt sich durch die Restriktion keinerlei Beschränkung, so daß gar kein Koeffizient berechnet wird. Die dritte Zeile ist die Pivotzeile, denn dort ergibt sich mit 6.000 der niedrigste Koeffizient. In der Pivotspalte werden nun Nullen produziert:

| −20 | 56 | 40 | 1 | 0 | 0 | 0 | +20III |
| 0,3 | 1,5 | 2,3 | 0 | 1 | 0 | 4.000 | −0,3III |
1	1	1	0	0	1	6.000	
3	4	4	0	0	0	−6.000	−3III

| 0 | 76 | 60 | 1 | 0 | 20 | 120.000 |
| 0 | 1,2 | 2 | 0 | 1 | −0.3 | 2.200 |
1	1	1	0	0	1	6.000
0	1	1	0	0	−3	−24.000

Nun wird die dritte Spalte zur Pivotspalte gewählt (man hätte auch die zweite Spalte wählen können, aber wenn man die dritte Spalte wählt wird die weitere Rechnung einfacher. Es ergeben sich folgende charakteristische Koeffizienten:

| 0 | 76 | 60 | 1 | 0 | 20 | 120.000 | 2.000 |
| 0 | 1,2 | 2 | 0 | 1 | −0.3 | 2.200 | 1.100 |
1	1	1	0	0	1	6.000	6.000
0	1	1	0	0	−3	−24.000	

Der niedrigste Wert liegt in der zweiten Zeile, die somit zur Pivotzeile wird. In der Pivotspalte (der dritten Spalte) werden nun Nullen produziert:

| 0 | 76 | 60 | 1 | 0 | 20 | 120.000 | −30II |
| 0 | 1,2 | 2 | 0 | 1 | −0.3 | 2.200 | |
1	1	1	0	0	1	6.000	−0,5II
0	1	1	0	0	−3	−24.000	−0,5II

| 0 | 40 | 0 | 1 | −30 | 29 | 54.000 |
| 0 | 1,2 | 2 | 0 | 1 | −0.3 | 2.200 |
1	0,4	0	0	−0,5	1,15	4.900
0	0,4	0	0	−0,5	−2,85	−25.100

Nun muß die zweite Spalte als Pivotspalte gewählt werden. Lediglich dort steht in der letzten Zeile noch ein positives Element. Nachfolgend sind die charakteristischen Koeffizienten berechnet. Die zweite Zeile wurde außerdem durch 2 geteilt, damit in der vorherigen Pivotspalte außer den Nullen nur noch eine 1 steht:

0	40	0	1	-30	29	54.000	1.350
0	0,6	1	0	0,5	-0.15	1.100	1.833
1	0,4	0	0	-0,5	1,15	4.900	12.250
0	0,4	0	0	-0,5	-2,85	-25.100	

Die erste Zeile ist die Pivotzeile. Beim "Nullenproduzieren" muß in der dritten und vierten Zeile $\frac{1}{100}$ (=0,01) mal die erste Zeile und in der zweiten Zeile $\frac{0,6}{40}$ (=0,015) mal die erste Zeile subtrahiert werden.

0	40	0	1	-30	29	54.000	
0	0,6	1	0	0,5	-0.15	1.100	-0,015I
1	0,4	0	0	-0,5	1,15	4.900	-0,01I
0	0,4	0	0	-0,5	-2,85	-25.100	-0,01I

0	40	0	1	-30	29	54.000
0	0	1	-0,015	0,95	-0.585	290
1	0	0	-0,01	-0,2	0,86	4.360
0	0	0	-0,01	-0,2	-3,14	-25.640

Die erste Zeile muß nun noch durch 40 geteilt werden. Es ergibt sich:

0	1	0	0,025	-0,75	0,725	1.350
0	0	1	-0,015	0,95	-0.585	290
1	0	0	-0,01	-0,2	0,86	4.360
0	0	0	-0,01	-0,2	-3,14	-25.640

Somit ergibt sich als maximierende Lösung:
x = 4.360, y = 1.350, z = 290

Der maximale Wert der Zielfunktion läßt sich in dem unteren rechten Kasten des Tableaus ablesen. In diesem Fall beträgt also der maximale Wert der Zielfunktion:
25.640

2 Grenzwerte

Bestimmen Sie die folgenden Grenzwerte, sofern diese existieren.

2.A $\quad \lim\limits_{x \to -\infty} \dfrac{2|x|^3 - x^2}{2 + x^2 + 3x^3}$

2.B $\quad \lim\limits_{x \to 1} \dfrac{x^2 - 1}{x^3 - x^2 - x + 1}$

2.C $\quad \lim\limits_{x \to 2} \dfrac{3x^2 - 12}{x^3 - 2x^2 - 4x + 8}$

2.D $\quad \lim\limits_{x \to -\infty} \dfrac{5x^2 - 3|x|^5}{2x^5 - x + 1}$

2.E $\quad \lim\limits_{x \to \infty} \dfrac{5x^3 - 8x^2 + 3}{9x^4 - 3x^3 + x}$

2.F $\quad \lim\limits_{x \to 4} \dfrac{x^3 - 8x^2 + 16x}{x^3 - 9x^2 + 24x - 16}$

2.G $\quad \lim\limits_{x \to \infty} \dfrac{3x^2 - 7x}{4x^2 - 5x + 9}$

2.H $\quad \lim\limits_{x \to 0} \dfrac{1 - \cos(x)}{x^2}$

2.I $\quad \lim\limits_{x \to \infty} \dfrac{1 + x^2 + 2x^3}{x + x^2}$

2.J $\quad \lim\limits_{x \to -1} \dfrac{1 + x^2 + 2x^3}{x + x^2}$

2.K $\quad \lim\limits_{x \to 0} \ln\left(\dfrac{e^x}{1 + e^x}\right)$

2.L Für das Gesamteinkommen Y (GE/Jahr) eines Wirtschaftszweiges wird – ausgehend von einem Planungszeitpunkt t > 0 – im Zeitablauf eine Entwicklung prognostiziert, die gemäß folgender Funktion verläuft:

$$Y(t) = \dfrac{\ln(t^2)}{t}$$

Gesucht ist der "Sättigungswert" des Einkommens in weiter Zukunft, d.h.
$$\lim\limits_{t \to \infty} Y(t).$$

2.M $\lim_{x \to 0} \frac{\tan x}{x}$

2.N $\lim_{x \to 0} \frac{\sin^2 x}{x^2}$

2.O Gegeben sei die Preis-Absatz-Funktion p mit

$p = \dfrac{1}{e^{(x^3 - 64)} - 1}$ (p: Preis, x: Menge).

Gegen welchen Wert x_0 strebt die nachgefragte Menge x, wenn der Preis über alle Grenzen wächst (d.h. $\lim_{p \to \infty} x(p)$).

2.P $\lim_{n \to \infty} n * \ln(1 + \frac{1}{n})$

2.Q $\lim_{x \to -\infty} \ln(\sin(e^x))$

2.R $\lim_{x \to 0} \dfrac{\ln(1+x) - e^{2x+1}}{(x-1)^2}$

2.S $\lim_{x \to a} \int_a^x \dfrac{1}{\sqrt{2\pi}} e^{-\frac{t^2}{2}} dt$

2.T $\lim_{x \to \infty} x \left(1 - \cos(\frac{1}{x})\right)$

Lösungsvorschläge zu 2:

2.A Hier müssen zuerst die Betragszeichen ersetzt werden. Betrag von x bedeutet, daß immer der positive Wert von x genommen wird. Wenn x positiv ist, kann man den Betrag auch weglassen, denn dann ändert er ja nichts. Wenn x dagegen negativ ist, dann wirkt der Betrag wie ein Minuszeichen vor dem x.
Also gilt für x < 0, |x| = -x. In dem zu betrachtenden Grenzwert geht x gegen $-\infty$, also kann auch hier |x| durch -x ersetzt werden.

$$\lim_{x \to -\infty} \frac{2|x|^3 - x^2}{2 + x^2 + 3x^3} = \lim_{x \to -\infty} \frac{2(-x)^3 - x^2}{2 + x^2 + 3x^3} = \lim_{x \to -\infty} \frac{-2x^3 - x^2}{2 + x^2 + 3x^3}$$

Nun wird die höchste gemeinsame Potenz im Zähler und Nenner ausgeklammert (alternativ könnte die Regel von l'Hospital angewendet werden, allerdings müßte hierbei ziemlich oft abgeleitet werden, bis nicht mehr Nenner und Zähler beide gegen unendlich gehen):

$$= \lim_{x \to -\infty} \frac{x^3}{x^3} * \frac{-2 - \frac{1}{x}}{\frac{2}{x^3} + \frac{1}{x} + 3}$$

Der vordere Term kürzt sich weg, und für x gegen unendlich werden im hinteren Term alle Glieder, bei denen x im Nenner steht, Null. Nach den Grenzwertsätzen können diese Grenzübergänge einzeln durchgeführt werden, so daß sich ergibt:

$$= \frac{-2 - 0}{0 + 0 + 3} = -\frac{2}{3}$$

2.B $\lim_{x \to 1} \frac{x^2 - 1}{x^3 - x^2 - x + 1}$

Für x→1 gehen Nenner und Zähler gegen Null, also kann die Regel von l'Hospital angewendet werden. (Alternativ könnte auch der Ausdruck (x-1) durch Polynomdivision aus dem Zähler und Nenner herausgeteilt werden. Dieses Verfahren ist zwar eleganter, aber den meisten dürfte es mehr Schwierigkeiten bereiten, als die Regel von l'Hospital.)

$$\lim_{x \to 1} \frac{x^2 - 1}{x^3 - x^2 - x + 1} = \lim_{x \to 1} \frac{2x}{3x^2 - 2x - 1}$$

Der Nenner ist für x=1 immer noch Null, aber der Zähler ist ungleich Null (2∗1); daher geht die Funktion gegen unendlich und es existiert kein Grenzwert (Polstelle der Funktion).

2.C $\lim_{x \to 2} \frac{3x^2 - 12}{x^3 - 2x^2 - 4x + 8} = \lim_{x \to 2} \frac{6x}{3x^2 - 4x - 4}$ (l'Hospital)

Der Nenner ist für x gleich 2 immer noch Null, der Zähler aber nicht, somit geht die Funktion gegen unendlich und daher existiert kein Grenzwert.

2.D $\lim_{x \to -\infty} \frac{5x^2 - 3|x|^5}{2x^5 - x + 1}$ (hier kann wie bei 2.A vorgegangen werden)

$$= \lim_{x \to -\infty} \frac{5x^2 - 3(-x)^5}{2x^5 - x + 1} = \lim_{x \to -\infty} \frac{5x^2 + 3x^5}{2x^5 - x + 1}$$

$$= \lim_{x \to -\infty} \frac{x^5}{x^5} \frac{\frac{5}{x^3} + 3}{2 - \frac{1}{x^4} + \frac{1}{x^5}} = 1{,}5$$

2.E $\lim\limits_{x \to \infty} \dfrac{5x^3 - 8x^2 + 3}{9x^4 - 3x^3 + x} = \lim\limits_{x \to \infty} \dfrac{x^3 \left(5 - \dfrac{8}{x} + \dfrac{3}{x^3}\right)}{x^4 \left(9 - \dfrac{3}{x} + \dfrac{1}{x^3}\right)}$

$= \lim\limits_{x \to \infty} \dfrac{\left(5 - \dfrac{8}{x} + \dfrac{3}{x^3}\right)}{x \left(9 - \dfrac{3}{x} + \dfrac{1}{x^3}\right)} = \lim\limits_{x \to \infty} \dfrac{1}{x} * \dfrac{5}{9} = 0$

2.F $\lim\limits_{x \to 4} \dfrac{x^3 - 8x^2 + 16x}{x^3 - 9x^2 + 24x - 16}$

Für x=4 werden Zähler und Nenner beide Null. Also folgt (l'Hospital):

$\lim\limits_{x \to 4} \dfrac{x^3 - 8x^2 + 16x}{x^3 - 9x^2 + 24x - 16} = \lim\limits_{x \to 4} \dfrac{3x^2 - 16x + 16}{3x^2 - 18x + 24}$

Da Nenner und Zähler immer noch beide Null sind, wird noch mal abgeleitet:

$= \lim\limits_{x \to 4} \dfrac{6x - 16}{6x - 18} = \dfrac{24 - 16}{24 - 18} = \dfrac{8}{6} = \dfrac{4}{3}$

2.G $\lim\limits_{x \to \infty} \dfrac{3x^2 - 7x}{4x^2 - 5x + 9} = \lim\limits_{x \to \infty} \dfrac{x^2}{x^2} * \dfrac{3 - \dfrac{7}{x}}{4 - \dfrac{5}{x} + \dfrac{9}{x^2}} = \dfrac{3}{4}$

2.H (l'Hospital)

$\lim\limits_{x \to 0} \dfrac{1 - \cos(x)}{x^2} = \lim\limits_{x \to 0} \dfrac{\sin(x)}{2x} = \lim\limits_{x \to 0} \dfrac{\cos(x)}{2} = \dfrac{1}{2}$

2.I a) Da Nenner und Zähler für $x \mapsto \infty$ ebenfalls gegen ∞ gehen, kann l'Hospital angewendet werden:

$\lim\limits_{x \to \infty} \dfrac{1 + x^2 + 2x^3}{x + x^2} = \lim\limits_{x \to \infty} \dfrac{2x + 6x^2}{1 + 2x} = \lim\limits_{x \to \infty} \dfrac{2 + 12x}{2}$

Nun geht nur noch der Zähler gegen unendlich. Somit geht auch der ganze Ausdruck gegen unendlich, und es existiert kein Grenzwert.

2.J Da Nenner und Zähler für $x \mapsto -1$ gegen 0 gehen, kann l'Hospital angewendet werden:
$$\lim_{x \to -1} \frac{1+x^2+2x^3}{x+x^2} = \lim_{x \to -1} \frac{2x+6x^2}{1+2x} = \frac{-2+6}{1-2} = -4$$

2.K $\lim_{x \to 0} \ln(\frac{e^x}{1+e^x}) = \ln(\frac{e^0}{1+e^0}) = \ln(0,5) \quad -0,69$

2.L Da Nenner und Zähler für $x \to \infty$ ebenfalls gegen ∞ gehen, kann l' Hospital angewendet werden. Zuvor wird der Ausdruck noch nach den Rechenregeln für Logarithmen umgeformt, hierdurch vereinfacht sich die Ableitung des Zählers.
$$\lim_{t \to \infty} \frac{\ln(t^2)}{t} = \lim_{t \to \infty} \frac{2\ln(t)}{t} = \lim_{t \to \infty} \frac{\frac{2}{t}}{1} = \lim_{t \to \infty} \frac{2}{t} = 0$$

2.M $\lim_{x \to 0} \frac{\tan x}{x} = \lim_{x \to 0} \frac{\frac{1}{\cos^2 x}}{1}$ (l'Hospital)

$= \lim_{x \to 0} \frac{1}{\cos^2 x} = \frac{1}{1} = 1$

2.N $\lim_{x \to 0} \frac{\sin^2 x}{x^2} = \lim_{x \to 0} \frac{2\sin x \cos x}{2x}$ (l'Hospital)

Da Nenner und Zähler immer noch beide Null ergeben wenn man für x Null einsetzt, kann noch einmal die Regel von l'Hospital angewendet werden:
$$= \lim_{x \to 0} \frac{2(\cos x * \cos x + \sin x * (-\sin x))}{2} = 1$$

2.O Hier soll der Grenzwert für x(p) berechnet werden. Hierzu muß die gegebene Funktion p(x) zunächst nach x aufgelöst werden:

$p = \frac{1}{e^{(x^3-64)}-1} \Leftrightarrow e^{(x^3-64)} - 1 = \frac{1}{p} \Leftrightarrow e^{(x^3-64)} = \frac{1}{p}+1 \mid \ln$

$\Leftrightarrow x^3 - 64 = \ln(\frac{1}{p}+1) \Leftrightarrow x^3 = \ln(\frac{1}{p}+1) + 64 \mid \sqrt[3]{}$

$\Leftrightarrow x = \sqrt[3]{\ln(\frac{1}{p}+1)+64}$

Von diesem Ausdruck muß nun der Grenzwert bestimmt werden:

$\lim_{p \to \infty} \sqrt[3]{\ln(\frac{1}{p}+1)+64} = \sqrt[3]{0+64} = 4$

2.P Es gilt: $\lim_{n \to \infty} (1+ \frac{1}{n})^n = e$

Somit ergibt sich unter Ausnutzung der Rechenregeln für den Logarithmus:

$$\lim_{n \to \infty} n * \ln(1+ \frac{1}{n}) = \lim_{n \to \infty} \ln((1+ \frac{1}{n})^n) = \ln(e) = 1$$

2.Q $\lim_{x \to -\infty} \ln(\sin(e^x))$

e^x geht für x gegen unendlich gegen Null. Für kleine y gilt: $\sin y \approx y$

Wenn man diese Näherung benutzt, die ja erlaubt ist, weil e^x beliebig klein wird, ergibt sich:

$$\lim_{x \to -\infty} \ln(\sin(e^x)) = \lim_{x \to -\infty} \ln(e^x) = \lim_{x \to -\infty} x$$

Der Ausdruck geht also für $x \to -\infty$ ebenfalls gegen ∞. Somit existiert kein Grenzwert.

2.R Da alle Ausdrücke bei x=0 definiert sind, kann einfach eingesetzt werden:

$$\lim_{x \to 0} \frac{\ln(1+x) - e^{2x+1}}{(x-1)^2} = \frac{\ln(1) - e^1}{1} = -e$$

2.S $\lim_{x \to a} \int_a^x \frac{1}{\sqrt{2\pi}} e^{-\frac{t^2}{2}} dt = \int_a^a \frac{1}{\sqrt{2\pi}} e^{-\frac{t^2}{2}} dt = 0$

2.T Dieser Grenzwert kann in einen Quotienten umgewandelt werden und nachfolgend mit der Regel von l'Hospital gelöst werden. (Alternativ könnte auch die Potenzreihenentwicklung für den cosinus verwendet werden.)

$$\lim_{x \to \infty} x \left(1 - \cos(\tfrac{1}{x})\right) = \lim_{x \to \infty} \frac{1 - \cos(\tfrac{1}{x})}{x^{-1}}$$

Für x gegen ∞ gehen Nenner und Zähler jeweils gegen Null, so daß l'Hospital angewendet werden kann:

$$\lim_{x \to \infty} \frac{1 - \cos(\tfrac{1}{x})}{x^{-1}} = \lim_{x \to \infty} \frac{-x^{-2}(-\sin(\tfrac{1}{x}))}{-x^{-2}} = \lim_{x \to \infty} -\sin(\tfrac{1}{x}) = 0$$

3 Differentialrechnung einer Veränderlichen

3.1 Bestimmung von Extremwerten

3.1.A Bestimmen und klassifizieren Sie alle Extrema von

$f: [0,1; 2] \to \mathbb{R}; \ x \to f(x) = \ln x - x^2$

3.1.B Bestimmen Sie Max[f(x)] und Min[f(x)] für

$f: [0,1; 3] \to \mathbb{R}; \ x \to f(x) = \ln x + x^2 - 4x + 3$

3.1.C Gegeben ist eine Produktionsfunktion

$Y(r) = -0.3r^3 + 18r^2 + 81r$ (Y: Output; r: Input).

Dabei darf der Input $r \geq 0$ maximal 31 Mengeneinheiten betragen.

a) Wo liegt im vorgegebenen Inputbereich das Ertragsmaximum (d.h. das Maximum des Outputs)?

b) Für welchen Faktorinput r_1 wird die Grenzproduktivität (d.h. die 1. Ableitung von Y(r)) maximal? Zeigen Sie, daß es sich wirklich um ein Maximum handelt.

c) Für welchen Faktorinput r_2 ist der Durchschnittsertrag $\frac{Y(r)}{r}$ maximal?

d) Für welchen Faktorinput r_3 sind Grenzproduktivität und Durchschnittsertrag identisch?

3.1.D Bestimmen und klassifizieren Sie alle Extrema der Funktion

$f: [-1, 2] \to \mathbb{R}$ mit $f(x) = x^2 * e^{-x}$

3.1.E Gegeben ist die Integralfunktion

$F: x \to \int_0^x \frac{t^3 + 2t}{t^2 + 1} \, dt \ (x \in \mathbb{R})$.

a) Zeigen Sie, daß F höchstens eine lokale Extremstelle hat.

b) Untersuchen Sie, ob F tatsächlich ein lokales Extremum besitzt, und bestimmen Sie gegebenenfalls die Art des Extremums.

3.1.F Berechnen und klassifizieren Sie die Extrema von

f: [0; 1] $\to \mathbb{R}$ mit $f(x) = e^x + x^2$

3.1.G Berechnen und klassifizieren Sie die Extrema von

f: [-4; 4] $\to \mathbb{R}$ mit $f(x) = 2e^{2x} - 4x$

3.1.H Gegeben sei die Funktion

f: $\mathbb{R} \to \mathbb{R}\setminus\{0\}$ mit $f(x) = x^2 \ln(x^2) - 2x^2$

Bestimmen und klassifizieren Sie die Extrema von f.

Lösungsvorschläge zu 3.1:

3.1.A Zunächst werden die beiden Randwerte berechnet. Hierzu werden die beiden Grenzen des Definitionsbereiches (0,1 und 2) für x in die Funktion eingesetzt:

$f(0{,}1) = \ln 0{,}1 - 0{,}01 = -2{,}31$

$f(2) = \ln 2 - 4 = -3{,}31$

Als nächstes wird die Funktion auf **Hoch- und Tiefpunkte** untersucht. Diese können nur da vorliegen, wo die Steigung der Funktion gleich Null ist. Also muß die erste Ableitung gerade gleich Null sein. Für die Ableitungen ergibt sich:

$f'(x) = \frac{1}{x} - 2x = x^{-1} - 2x$

$f''(x) = -x^{-2} - 2$

$f'(x) = 0 \Leftrightarrow \frac{1}{x} - 2x = 0 \mid *x$ (x=0 liegt nicht im Definitionsbereich)

$\Leftrightarrow 1 - 2x^2 = 0 \Leftrightarrow x^2 = 0{,}5 \Leftrightarrow x = \pm\sqrt{0{,}5}$

Die negative Wurzel liegt aber außerhalb des Definitionsbereiches, der ja nur das Intervall $[0{,}1; 2]$ ist. Somit kommt nur die positive Wurzel als Extremwert in Frage. Um zu überprüfen, ob es wirklich ein Extremwert ist, und wenn ja, ob es sich dann um einen Hoch- oder Tiefpunkt handelt, muß der gefundene Wert noch in die zweite Ableitung eingesetzt werden.

$f''(\sqrt{0{,}5}) = -\sqrt{0{,}5}^{-2} - 2 = -\frac{1}{0{,}5} - 2 = -4 < 0$

Da die zweite Ableitung an der untersuchten Stelle negativ ist, handelt es sich um einen Hochpunkt. Der Funktionswert für den Hochpunkt ergibt sich durch Einsetzen in die Ursprungsfunktion:

$f(\sqrt{0,5}) = -0,85$

Nun sind die einzelnen Werte noch zu klassifizieren. Ein globales Extremum liegt immer dann vor, wenn bei diesem X-Wert der höchste oder niedrigste Y-Wert für den gesamten Definitionsbereich vorliegt. (Da ein lokales (bzw. relatives) Extremum immer eine Umgebung in beide Richtungen haben muß, für die der Funktionswert maximal oder minimal ist, können Randwerte keine lokalen Extrema sein.)

$f(0,1) = -2,31$
$f(\sqrt{0,5}) = -0,85$ globales Maximum
$f(2) = -3,31$ globales (Rand-) Minimum

3.1.B
Randwerte: $f(0,1) = \ln 0,1 + 0,01 - 0,4 + 3 = 0,31$
$f(3) = \ln 3 + 9 - 12 + 3 = 1,1$

Hoch- und Tiefpunkte:

$f'(x) = \frac{1}{x} + 2x - 4 = 0 \Leftrightarrow 1 + 2x^2 - 4x = 0 \Leftrightarrow x^2 - 2x + 0,5 = 0$

Eine derartige quadratische Gleichung läßt sich mittels einer quadratischen Ergänzung oder auch der durch diese Methode ermittelten pq-Formel finden. Wer dies nicht mehr beherrscht (es handelt sich um den Stoff der 9. oder 10. Klasse), sollte sein Wissen dringend auffrischen (z.B. im Anhang "Mathematik - anschaulich dargestellt - ..."), denn dieses ist wirklich eine elementare mathematische Fähigkeit, die sehr häufig benötigt wird. Mittels der quadratischen Ergänzung ergibt sich:

$x^2 - 2x + 0,5 = 0 \Leftrightarrow (x-1)^2 - 1 + 0,5 = 0 \Leftrightarrow (x-1)^2 = 0,5$

$\Leftrightarrow x - 1 = \pm\sqrt{0,5} \Leftrightarrow x = \pm\sqrt{0,5} + 1$

$\Leftrightarrow x = 0,29 \lor x = 1,71$

Aus $f'(x) = \frac{1}{x} + 2x - 4 = x^{-1} + 2x - 4$ ergibt sich für $f''(x)$:

$f''(x) = -x^{-2} + 2$

Bei den Nullstellen der ersten Ableitung ergeben sich nun folgende Werte für die zweite Ableitung:

$f''(0,29) = -9,89 < 0 \Rightarrow$ Hochpunkt
$f''(1,71) = 1,66 > 0 \Rightarrow$ Tiefpunkt

Gefragt war nach dem Maximum und Minimum der Funktion in dem gegebenen Intervall. Um diese feststellen zu können, müssen die Funktionswerte des Hoch- und Tiefpunktes mit den Randwerten verglichen werden:

$f(0,1) = 0,31$

$f(0,29) = 0,69$

$f(1,71) = \mathbf{-0,38}$

$f(3) = \mathbf{1,1}$

Das globale Minimum liegt also bei dem Tiefpunkt bei x=1,71 und das globale Maximum am Rand bei x=3. Die Lösung lautet somit:

$\text{Max}\left[f(x)\right] = f(3) = 1,1$

$\text{Min}\left[f(x)\right] = f(1,71) = -0,38$

Eine Zeichnung kann auch hier hilfreich sein:

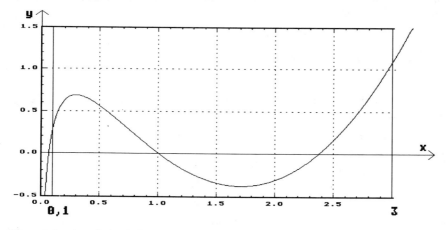

Man sieht deutlich, daß der größte Funktionswert nicht bei dem Hochpunkt, sondern bei dem Randmaximum liegt.

3.1.C a) Hier muß das Maximum von Y(r) bestimmt werden:

$$Y'(r) = -0.9r^2 + 36r + 81 = 0$$

$$\Leftrightarrow r^2 - 40r - 90 = 0 \Leftrightarrow (r-20)^2 - 40 - 90 = 0$$

$$\Leftrightarrow r - 20 = \sqrt{130} \Leftrightarrow r = 42.14 \lor r = -2.14$$

Beide Werte liegen außerhalb des Definitionsbereiches (0 bis 31). Da die Funktion stetig ist, gibt es nun nur Randextrema.

$$Y(0) = 0 \qquad Y(31) = 10871.7$$

Das Maximum des Outputs liegt also bei r = 31.

b) Nun soll das Maximum der ersten Ableitung des Outputs bestimmt werden. Mögliche Extrema der ersten Ableitung liegen bei den Nullstellen der zweiten Ableitung.

$$Y'(r) = -0.9r^2 + 36r + 81$$

$$Y''(r) = -1.8r + 36 = 0 \Leftrightarrow r = 20$$

$$Y'''(r) = -1.8 < 0$$

Da die dritte Ableitung (sie ist die zweite Ableitung der ersten Ableitung) negativ ist, hat die erste Ableitung bei r = 20 ein Maximum.

c) Nun ist die Berechnung für den Durchschnittsertrag durchzuführen:

$$\frac{Y(r)}{r} = -0.3r^2 + 18r + 81$$

$$\left(\frac{Y(r)}{r}\right)' = -0.6r + 18 = 0 \Leftrightarrow r = 30$$

$$\left(\frac{Y(r)}{r}\right)'' = -0.6 > 0 \Rightarrow \text{Maximum bei } r = 30$$

d) Die beiden Funktionen müssen gleichgesetzt werden:

$$Y(r)' = -0.9r^2 + 36r + 81 = -0.3r^2 + 18r + 81 = \frac{Y(r)}{r}$$

$$\Leftrightarrow -0.6r^2 + 18r = 0 \Leftrightarrow r = 0 \lor r = 30$$

Dieses Ergebnis ist auch einleuchtend: Bei einer Ausbringungsmenge von Null ist eine zusätzliche Grenzeinheit gleichzeitig die gesamte Produktion, so daß Grenzproduktivität und Durchschnittsertrag identisch sind. Bei r = 30 liegt auch das Maximum des Durchschnittsertrages, wie unter c gezeigt wurde. Im Maximum des Durchschnittsertrages müssen aber Grenzproduktivität und Durchschnittsertrag identisch sein. Wäre die Grenzproduktivität höher als der Durchschnittsertrag, so könnte der Durchschnittsertrag durch eine geringere Produktion erhöht werden.

3.1.D Als Randwerte ergeben sich:

$f(-1) = e = 2.718$

$f(2) = 16 * e^{-2} = 2.165$

Für die Ableitung folgt:

$f'(x) = 4x^3 e^{-x} - x^4 e^{-x}$ (Produktregel!)

$= (4x^3 - x^4) * e^{-x}$

Nun wird die Ableitung gleich Null gesetzt:

$(4x^3 - x^4) * e^{-x} = 0$

Ein Produkt kann nur dann Null sein, wenn mindestens einer der beiden Faktoren Null ist:

$4x^3 - x^4 = 0 \lor e^{-x} = 0$ (e^{-x} wird nie Null)

$\Rightarrow 4x^3 - x^4 = 0 \Leftrightarrow (4-x) * x^3 = 0 \Leftrightarrow (4-x) = 0 \lor x^3 = 0$

$\Leftrightarrow x = 4 \lor x = 0$

Da 4 außerhalb des betrachteten Intervalls liegt, ist bei x=0 der einzige mögliche Hoch- oder Tiefpunkt im betrachteten Intervall.

Für die zweite Ableitung ergibt sich:

$f''(x) = (12x^2 - 4x^3) * e^{-x} - (4x^3 - x^4) * e^{-x}$ (wieder Produktregel)

Setzt man nun für x Null ein, so ergibt sich:

$f''(0) = 0$

Damit läßt sich noch keine eindeutige Aussage treffen. Man müßte nun weiter ableiten, bis eine Ableitung für Null eingesetzt nicht 0 ergibt. Ist diese Ableitung eine ungerade Ableitung (f''', f''''' etc.), so handelt es sich um einen Sattelpunkt, ist es eine gerade Ableitung (f'''',f'''''' etc.), so handelt es sich um einen Extremwert.

Man kann bei dieser Aufgabe aber auch gleich anders vorgehen und die erste Ableitung auf Vorzeichenwechsel bei ihrer Nullstelle überprüfen. Ändert sich das Vorzeichen der ersten Ableitung in der Nullstelle der ersten Ableitung nicht, so handelt es sich um keinen Extremwert, denn dann fällt oder steigt die Funktion auf beiden Seiten, so daß es sich um einen Sattelpunkt handelt. Ist die Steigung links größer als Null und rechts kleiner als Null, so handelt es sich um einen Hochpunkt, denn hierbei steigt die Funktion ja auf der linken Seite und fällt dann wieder auf der rechten Seite.

Da es in diesem Fall nur eine Nullstelle der ersten Ableitung im betrachteten Intervall gibt und die Funktion überall stetig ist, können für die Überprüfung auf Vorzeichenwechsel beliebige Werte aus dem Intervall betrachtet werden. Am besten nimmt man sich möglichst einfache Werte, also hier z.B. 1 und −1:

$$f'(1) = (4 - 1) * e^{-1} > 0$$

$$f'(-1) = (-4 - 1) * e < 0$$

Die Funktion fällt also auf der linken Seite und steigt auf der rechten Seite. Somit handelt es sich um einen Tiefpunkt. Insgesamt ergibt sich somit:

$f(-1) = e = 2.718$ globales (Rand−) Maximum

$f(2) = 16 * e^{-2} = 2.165$

$f(0) = 0$ globales Minimum

3.1.E Zur Überprüfung auf Extremstellen muß die Integralfunktion abgeleitet werden. Als Ableitung ergibt sich aber gerade der Ausdruck, der im Integral steht:

$$\int_0^x f(t)dt = F(x) - F(0)$$

$$(F(x) - F(0))' = f(x)$$

Diese Ableitung wird nun gleich Null gesetzt:

$$\frac{x^3 + 2x}{x^2 + 1} = 0$$

Der Nenner wird nie Null, daher wird der Ausdruck genau dann Null, wenn der Zähler Null wird:

$$x^3 + 2x = 0 \Leftrightarrow x(x^2 + 2) = 0 \Leftrightarrow x = 0 \lor x^2 = -2$$

Da die Wurzel einer negativen Zahl in $\mathbb{R}$ nicht definiert ist, liegt die einzige Lösung bei $x = 0$. Da die Integralfunktion stetig ist, kann sie höchstens eine einzige Extremstelle haben, nämlich bei $x = 0$.

b) Am einfachsten läßt sich diese Aufgabe durch Überprüfung der ersten Ableitung auf Vorzeichenwechsel lösen. Nachfolgend werden −1 und 1 eingesetzt:

$$\frac{(-1)^3 + 2 * (-1)}{(-1)^2 + 1} = -\frac{3}{2} < 0$$

$$\frac{1^3 + 2 * 1}{1^2 + 1} = \frac{3}{2} > 0$$

Das Vorzeichen der ersten Ableitung wechselt also von − nach +. Die Funktion fällt zunächst und steigt dann wieder. Somit handelt es sich tatsächlich um einen Extremwert, und zwar um einen Tiefpunkt.

3.1.F

Die Randwerte lauten:

$f(0) = 1$

$f(1) = e + 1 = 3{,}72$

Nach den elementaren Ableitungsregeln ergibt sich:

$f'(x) = e^x + 2x$

Ein Extremum kann vorliegen, wenn die erste Ableitung (also die Steigung der Funktion) gerade gleich Null ist:

$e^x + 2x = 0$

Diese Gleichung läßt sich unglücklicherweise nicht nach x auflösen. Eine Lösung läßt sich nur numerisch finden, aber in diesem Fall ist dies nicht nötig, denn in dem Intervall $[0; 1]$ wird $e^x + 2x$ nie negativ oder Null, es gilt

$e^x > 0$ und im Intervall $[0; 1]$ $2x \geq 0$,

also gilt im Intervall $[0; 1]$ $f'(x) = e^x + 2x > 0$

Die Funktion ist somit in diesem Intervall streng monoton steigend und besitzt keinen Hoch- oder Tiefpunkt in dem Intervall.

Also hat die Funktion nur Randextrema:

$f(0) = 1$ globales Randminimum

$f(1) = 3{,}72$ globales Randmaximum

Hilfreich kann es in diesem Fall auch sein, die Funktion zu zeichnen:

Hier kann man sehr deutlich erkennen, daß die Funktion im Intervall $[0, 1]$ nur die beiden Randextrema bei 0 und 1 besitzt.

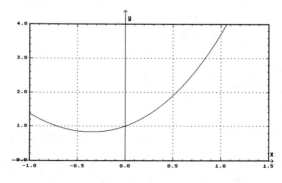

3.1.G Randwerte:

$f(-4) = 2e^{-8} + 16 = 16$

$f(4) = 2e^8 - 16 = 5945{,}92$

Hoch- und Tiefpunkte:

$f'(x) = 4e^{2x} - 4 = 0 \Leftrightarrow 4e^{2x} = 4 \Leftrightarrow e^{2x} = 1 \mid \ln$

$\Leftrightarrow \ln(e^{2x}) = \ln 1 \Leftrightarrow 2x = 0 \Leftrightarrow x = 0$

$f''(x) = 8e^{2x} \qquad f''(0) = 8e^0 = 8 > 0 \Rightarrow$ Tiefpunkt bei x=0

Somit ergibt sich insgesamt:

$f(-4) = 16$

$f(0) = 2e^0 - 0 = 2 \qquad$ globales Minimum

$f(4) = 5945{,}92 \qquad$ globales Randmaximum

3.1.H Vor dem Ableiten kann man zunächst umformen:

$f(x) = x^2 \ln(x^2) - 2x^2 = 2x^2 \ln|x| - 2x^2$

Für die Ableitungen der Funktion ergibt sich:

$f'(x) = 4x \ln|x| + 2x^2 * \frac{1}{x} - 4x = 4x \ln|x| + 2x - 4x$

$= 4x \ln|x| - 2x$

$f''(x) = 4 \ln|x| + 4x * \frac{1}{x} - 4 = 4 \ln|x|$

$f'''(x) = \frac{4}{x}$

Mögliche Extrema liegen bei den Nullstellen der ersten Ableitung:

$f'(x) = 4x \ln|x| - 2x = 0$

$\Leftrightarrow 2x(2\ln|x| - 1) = 0$

$\Leftrightarrow x = 0 \ \vee \ 2\ln|x| - 1 = 0 \mid +1$

$\qquad \Leftrightarrow 2\ln|x| = 1 \mid /2$

$\qquad \Leftrightarrow \ln|x| = 0{,}5 \mid e^{\text{hoch}}$

$\qquad \Leftrightarrow |x| = e^{0{,}5}$

$\qquad \Leftrightarrow x = e^{0{,}5} \ \vee \ x = -e^{0{,}5}$ (in beiden Fällen ist $|x| = e^{0{,}5}$)

Bei x=0 ist die Funktion nicht definiert. Somit liegen die einzigen Nullstellen der ersten Ableitung bei $x = e^{0{,}5}$ und $x = -e^{0{,}5}$.

$f''(e^{0{,}5}) = 4 \ln|e^{0{,}5}| = 4 * 0{,}5 * \ln(e) = 2 * 1 = 2 > 0$

$f''(-e^{0{,}5}) = 4 \ln|-e^{0{,}5}| = 4 * 0{,}5 = 2 > 0$

Da die zweite Ableitung an der Stelle $x = e^{0,5}$ und $x = -e^{0,5}$ positiv ist, liegt an beiden Stellen ein lokales Minimum vor. Für den Funktionswert an diesen Stellen ergibt sich:

$f(e^{0,5}) = (e^{0,5})^2 \ln((e^{0,5})^2) - 2(e^{0,5})^2 = (e^{0,5*2})\ln((e^{0,5*2})) - 2(e^{0,5*2})$
$= e * \ln(e) - 2e = e * 1 - 2e = -e$

Auf dieselbe Weise ergibt sich:

$f(-e^{0,5}) = -e$

Die Funktion ist bei $x = 0$ unstetig. Im negativen bzw. positiven Bereich der x-Achse hat sie jeweils ihr globales Minimum bei $(e^{0,5}, -e)$ bzw. $(-e^{0,5}, -e)$.

Zur Veranschaulichung ist die Funktion nebenstehend grafisch dargestellt:

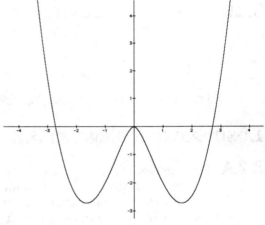

Anmerkung: Da bei der Funktion alle x nur in geraden Potenzen (in diesem Fall alle in zweiter Potenz) eingehen, ist die Funktion achsensymmetrisch zur y-Achse. Es hätte also gereicht, die Extremwerte für $x \in \mathbb{R}_+$ zu berechnen und sich dann aufgrund der Achsensymmetrie die entsprechenden Punkte im negativen x-Bereich zu überlegen.

3.2 Weitere Aufgaben zur Differentialrechnung

3.2.A Gegeben sei $f:(0, \infty) \to \mathbb{R}$ mit $f(x) = \ln(x^3)$.
Geben Sie die Umkehrfunktion f^{-1} (einschließlich Definitionsbereich) an.

3.2.B Bestimmen Sie für folgende Funktion die 1. Ableitung:

$$f(x) = \frac{e^{2x} + e^{-x}}{e^x - e^{-2x}}$$

3.2.C Gegeben sei die Funktion $f : \mathbb{R} \to \mathbb{R}$, mit

$$f : \begin{cases} \frac{1-\cos(x)}{x^2} & \text{für } x < 0 \\ 0 & \text{für } x = 0 \\ x^3 \ln(x) & \text{für } x > 0 \end{cases}$$

Ist f an der Stelle x = 0 stetig? Begründen Sie Ihre Antwort.

Lösungsvorschläge zu 3.2

3.2.A Die Funktion bildet aus dem $\mathbb{R}^+$ $(0, \infty)$ in den $\mathbb{R}$ ab. Bei der Umkehrfunktion sind einfach Definitions- und Wertebereich vertauscht. Der Definitionsbereich der Umkehrfunktion ist also gerade der Wertebereich der Ursprungsfunktion, also $\mathbb{R}$.

Die Umkehrfunktion erhält man, indem man in der Funktion x und y vertauscht und dann nach y auflöst:

$$x = \ln(y^3) \mid e^{\wedge} \Leftrightarrow e^x = y^3 \mid ^{\wedge} \tfrac{1}{3} \Leftrightarrow y = (e^x)^{\tfrac{1}{3}} = f^{-1}$$

3.2.B Nach der Quotientenregel ergibt sich:

$$f'(x) = \frac{(2e^{2x} - e^{-x}) * (e^x - e^{-2x}) - (e^{2x} + e^{-x}) * (e^x + 2e^{-2x})}{(e^x - e^{-2x})^2}$$

Die Klammern im Zähler müssen nun aufgelöst werden. Hierbei ist zu beachten, daß für Exponentialfunktionen gilt: $e^a * e^b = e^{a+b}$

$$= \frac{2e^{3x} - e^0 - 2e^0 + e^{-3x} - e^{3x} - e^0 - 2e^0 - 2e^{-3x}}{(e^x - e^{-2x})^2} = \frac{e^{3x} - e^{-3x} - 6}{(e^x - e^{-2x})^2}$$

3.2.C Eine Funktion ist an einer Stelle stetig, wenn der Funktionswert an der Stelle existiert und die Grenzwerte von links und rechts diesem Funktionswert entsprechen:

$$f(a) = \lim_{\substack{x \to a \\ x < a}} f(x) = \lim_{\substack{x \to a \\ x > a}} f(x)$$

Für die gegebene Funktion müssen also f(0) und die Grenzwerte für x kleiner und x größer Null berechnet werden. Wenn alle drei Berechnungen denselben Wert ergeben, ist die Funktion bei x = 0 stetig:

f(0) = 0

$$\lim_{\substack{x \to 0 \\ x < 0}} \frac{1 - \cos(x)}{x^2} = \lim_{\substack{x \to 0 \\ x < 0}} \frac{\sin(x)}{2x} = \lim_{\substack{x \to 0 \\ x < 0}} \frac{\cos(x)}{2} = \frac{1}{2}$$

es wurde zweimal l'Hospital angewendet

Der Grenzwert von links entspricht also nicht dem Funktionswert an der Stelle 0:

$$f(0) = 0 \neq \frac{1}{2} = \lim_{\substack{x \to 0 \\ x < 0}} f(x)$$

Die Funktion ist daher bei x = 0 nicht stetig.

Anmerkung: Der Grenzwert für x größer Null braucht in diesem Fall nicht mehr berechnet zu werden.

4 Integralrechnung

4.A Berechnen Sie das Integral $\int_{1}^{3}(x^{-1} + \ln(x) + e^{3x})\,dx$.

4.B Berechnen Sie $\int_{1}^{2}(x^3 - 2 + \frac{1}{x^2} - \frac{1}{x} + e^{-2x})\,dx$.

4.C Berechnen Sie das folgende Integral mit der Substitutionsregel:
$\int_{1}^{2}\frac{12x^3}{3x^4 - 2}\,dx$.

4.D Gegeben sei die Funktion $F: \mathbb{R}\to\mathbb{R}; x\to F(x)=\int_{a}^{x}e^{2z+1}\,dz$

a) Lösen Sie das Integral und bestimmen Sie $a \in \mathbb{R}$ so, daß $F(2)=4$ gilt.
b) Berechnen Sie $F'(2)$.

4.E Geben Sie eine Stammfunktion an und berechnen Sie:
$\int_{1}^{2}(\frac{1}{x} - \frac{1}{x^3} + \sqrt[3]{x} - 3^x + \ln x)\,dx$.

4.F Gegeben ist die Funktion $f: \mathbb{R}^+ \to \mathbb{R}$ mit $f(x) = \frac{\ln(x)}{x}$
a) Bestimmen Sie $f'(x)$!
b) Bestimmen Sie $F(x) = \int f(x)\,dx$!

4.G Gegeben ist die Funktion $f: x \to x * \sqrt{1 + x^2}$
a) Bestimmen Sie $f'(x)$.
b) Bestimmen Sie $F(x) = \int f(x)\,dx$.

4.H Berechnen Sie das Integral
$\int_{2}^{3}(\cos(x) - \frac{1}{x} + \frac{1}{\sqrt[3]{x^5}} - e^{-x})\,dx$.

4.I Berechnen Sie das Integral
$\int_{1}^{2}(\sin(x) + e^{2x} - x^{-3} + \frac{1}{x})\,dx$.

4.J Bestimmen Sie $\lim_{b\to\infty}\int_{1}^{b}\frac{x-2}{x^3}\,dx$.

4.K Berechnen Sie das folgende Integral:

$$\int_{-4}^{4}(ax^3-bx)\,dx$$

4.L Berechnen Sie mittels partieller Integration

$$\int_{1}^{2} x^7 \ln x \, dx$$

4.M Gegeben sei die Funktion $f: \mathbb{R} \supset D \to \mathbb{R}; x \to f(x) = e^{(x+\frac{1}{x})}$
a) Geben Sie die maximale Definitionsmenge D an.
b) Bestimmen Sie f'(x).
c) Berechnen Sie $\int_{1}^{2} f'(x)\,dx$

4.N Bestimmen Sie folgendes Integral:

$$\int_{0}^{\Pi} x^2 * \sin(x)\,dx$$

4.O Bestimmen Sie folgendes Integral:

$$\int_{-\infty}^{-3} \frac{1}{(x+2)^2}\,dx$$

Lösungsvorschläge zu 4:

4.A $\int_1^3 (x^{-1} + \ln(x) + e^{3x}) \, dx = \left[\ln x + (x*\ln x - x) + \frac{1}{3} e^{3x} \right]_1^3$

Nun müssen die Integrationsgrenzen in die Stammfunktion eingesetzt werden, wobei zunächst die obere Grenze eingesetzt wird und dann die Werte mit der unteren Grenze eingesetzt und abgezogen werden.

$= \ln 3 + 3*\ln 3 - 3 + \frac{1}{3} e^{3*3} - (\ln 1 + 1*\ln 1 - 1 + \frac{1}{3} e^{3*1})$
$= 4*\ln 3 - 3 + 2701{,}03 - 0 - 0 + 1 - 6{,}7 = 2.696{,}72$

4.B $\int_1^2 (x^3 - 2 + \frac{1}{x^2} - \frac{1}{x} + e^{-2x}) \, dx.$

$= \left[\frac{1}{4} x^4 - 2x - x^{-1} - \ln x - \frac{1}{2} e^{-2x} \right]_1^2 = -1{,}2 - (-2{,}82) = 1{,}62$

4.C Der Zähler stellt die Ableitung des Nenners dar. Somit wird am besten der Nenner substituiert:

$y = 3x^4 - 2$

Wenn die Variable x durch die Variable y substituiert wird, muß auch das dx durch ein dy ersetzt werden. Hierzu wird eine Beziehung zwischen dx und dy benötigt. Diese erhält man, indem die Ersetzungsvorschrift nach x abgeleitet wird:

$f(x) = y = 3x^4 - 2 \Rightarrow f'(x) = \frac{dy}{dx} = 12x^3$

dx kann nun durch dy ausgedrückt werden:

$\frac{dy}{dx} = 12x^3 \Leftrightarrow dx = \frac{dy}{12x^3}$

Nun kann in dem Integral der Nenner durch y und dx durch $\frac{dy}{12x^3}$ ersetzt werden:

$\int \frac{12x^3}{y} * \frac{dy}{12x^3} = \int \frac{1}{y} \, dy$

Die verbliebenen x haben sich herausgekürzt. (Dies liegt daran, daß y so gewählt wurde, daß die Ableitung von y nach x gerade der vorderen Funktion entsprach.)

Nun ist ein Integral entstanden, das sich integrieren läßt:

$\int \frac{1}{y} \, dy = \ln|y|$

Das c wurde hier weggelassen, weil am Ende ein bestimmtes

Integral berechnet werden soll. Nun muß die Substitution wieder rückgängig gemacht werden (stattdessen hätte man auch die Grenzen substituieren können):

$\ln|y| = \ln|3x^4-2|$

Somit ergibt sich:

$$\int_1^2 \frac{12x^3}{3x^4-2} dx = [\ln|3x^4-2|]_1^2 = \ln 46 - \ln 1 = 3{,}829$$

4.D a) $F(x) = \int_a^x e^{2z+1} dz = [\frac{1}{2} * e^{2z+1}]_a^x =$

$\frac{1}{2} * e^{2x+1} - \frac{1}{2} * e^{2a+1}$

Nun soll a so bestimmt werden, daß F(2)=4 ist, also muß sich, wenn oben für x 2 eingesetzt wird, als Ergebnis 4 ergeben:

$4 = \frac{1}{2} * e^{2*2+1} - \frac{1}{2} * e^{2a+1}$

diese Gleichung muß nun nach a aufgelöst werden

$\Leftrightarrow 4 - \frac{1}{2} * e^5 = -\frac{1}{2} * e^{2a+1} \Leftrightarrow -8 + e^5 = e^{2a+1} \mid \ln$

$\Leftrightarrow \ln(e^5 - 8) = 2a+1 \Leftrightarrow \frac{\ln(e^5-8)-1}{2} = a \Leftrightarrow a = 1{,}97$

b) Zunächst muß F' bestimmt werden. Beim Ableiten von F(x) fällt der hintere Term weg, da er nicht von x abhängig ist. Es bleibt übrig:

$F'(x) = e^{2x+1} \Rightarrow F'(2) = e^{2*2+1} = 148{,}41$

4.E $\int_1^2 (\frac{1}{x} - \frac{1}{x^3} + \sqrt[3]{x} - 3^x + \ln x) dx$ ist zu integrieren.

Die Stammfunktion wird beim Integrieren ja sowieso ermittelt. Eine Schwierigkeit, die bei den vorherigen Aufgaben noch nicht auftauchte, ist die Integration von 3^x. Durch Einfügen der Exponential- und der Logarithmusfunktion läßt sich diese Aufgabe aber relativ leicht lösen.

$3^x = e^{\ln(3^x)}$

(Da sich Funktion (e^x) und Umkehrfunktion ($\ln x$) gegenseitig aufheben, ist dies gestattet)

$= e^{x*\ln 3}$

Dies ergibt sich aus den Rechenregeln für Logarithmen.
Insgesamt ergibt sich für das Integral:

$$\int_1^2 (\tfrac{1}{x} - \tfrac{1}{x^3} + \sqrt[3]{x} - 3^x + \ln x)\, dx$$

$$= \int_1^2 (\tfrac{1}{x} - x^{-3} + x^{\tfrac{1}{3}} - e^{x*\ln 3} + \ln x)\, dx$$

$$= \left[\ln x + \tfrac{1}{2} x^{-2} + \tfrac{3}{4} x^{\tfrac{4}{3}} - \tfrac{1}{\ln 3} e^{\ln 3 * x} + x\ln x - x\right]_1^2$$

$$= -6{,}09 - (-2{,}48) = -3{,}61$$

Die Stammfunktion lautet:

$$\ln x + \tfrac{1}{2} x^{-2} + \tfrac{3}{4} x^{\tfrac{4}{3}} - \tfrac{1}{\ln 3} e^{\ln 3 * x} + x\ln x - x + c \qquad \text{mit } c \in \mathbb{R}$$

4.F Gegeben ist die Funktion f: $\mathbb{R}^+ \to \mathbb{R}$ mit $f(x) = \dfrac{\ln(x)}{x}$

a) $f(x) = \ln(x) * x^{-1}$

Produktregel: $f'(x) = x^{-1} * x^{-1} - \ln(x) * x^{-2}$

$= (1 - \ln(x)) * x^{-2}$

b) $F(x) = \int f(x)\, dx$ ist die Stammfunktion von f(x)

Man kann die Stammfunktion hier entweder erraten oder mittels Substitution oder partieller Integration ermitteln. Hier wird die Aufgabe mittels Substitution gelöst:

$F(x) = \int \dfrac{\ln(x)}{x}\, dx$ nun wird

$\ln(x) = y$ gesetzt.

Nun wird x ermittelt (es wird also die Umkehrfunktion gebildet). Durch diese Auflösung kann x in dem Integral ersetzt werden. Bei dieser Aufgabe wäre dieser Schritt aber nicht nötig, denn das x würde sich beim Ersetzen herauskürzen. Daher hätte diese Aufgabe auch so gelöst werden können, wie es bei der nächsten Aufgabe durchgeführt wird. Allerdings gibt es auch Substitutionsaufgaben, wo nach der Variablen (x) aufgelöst werden muß, weil sie sich nicht herauskürzt. Daher wird hier das entsprechende Verfahren beschrieben:

$\ln(x) = y \mid e\hat{\ } \Leftrightarrow x = e^y$

weiter gilt:

$$\frac{dx}{dy} = e^y \Leftrightarrow dx = e^y * dy$$

Nun werden die Ausdrücke in dem Integral ersetzt:

$$F(y) = \int \frac{y}{e^y} e^y * dy = \int y \, dy = 0.5y^2 + c$$

(wobei c eine beliebige Konstante ist)

Bei dem Ergebnis muß nun wieder y durch x ersetzt werden:

$$F(x) = 0.5(\ln(x))^2 + c$$

4.G a) $f(x) = x*(1+x^2)^{0.5}$

$$f'(x) = (1+x^2)^{0.5} + x * 2x * 0.5*(1+x^2)^{-0.5}$$

$$= \frac{(1+x^2)}{\sqrt{1+x^2}} + \frac{x^2}{\sqrt{1+x^2}} = \frac{1+2x^2}{\sqrt{1+x^2}}$$

b) $F(x) = \int x * \sqrt{1+x^2} \, dx$.

Die Aufgabe wird mittels Substitution gelöst:

$y = 1 + x^2$

$$\frac{dy}{dx} = 2x \Leftrightarrow \frac{1}{2x} dy = dx$$

Im Integral kann entsprechend ersetzt werden:

$$\int x*\sqrt{y} \, \frac{1}{2x} dy = 0.5 \int \sqrt{y} \, dy = 0.5 \int y^{0.5} dy = 0.5 * \frac{1}{1.5} y^{1.5} + c$$

Bei dem Ergebnis muß nun wieder y durch x ersetzt werden:

$$F(x) = \frac{1}{3}(1+x^2)^{1.5} + c$$

Man könnte noch folgendermaßen umformen ($1.5 = \frac{3}{2}$):

$$= \frac{1}{3}(\sqrt{1+x^2})^3 + c$$

4.H $\int_{2}^{3}(\cos(x) - \frac{1}{x} + \frac{1}{\sqrt[3]{x^5}} - e^{-x})\,dx$

$= \int_{2}^{3}(\cos(x) - \frac{1}{x} + x^{-\frac{5}{3}} - e^{-x})\,dx$

$= \left[\sin(x) - \ln(x) - \frac{3}{2}x^{-\frac{2}{3}} + e^{-x}\right]_{2}^{3}$

$= \sin 3 - \ln 3 - \frac{3}{2}3^{-\frac{2}{3}} + e^{-3} - (\sin 2 - \ln 2 - \frac{3}{2}2^{-\frac{2}{3}} + e^{-2})$

$= 0.141 - 1.099 - 0.721 + 0.05 - 0.909 + 0.693 + 0.945 - 0.135$

$= -1.035$

4.I $\int_{1}^{2}(\sin(x) + e^{2x} - x^{-3} + \frac{1}{x})\,dx$

$= \left[-\cos(x) + 0.5e^{2x} + \frac{1}{2}x^{-2} + \ln(x)\right]_{1}^{2}$

$= -\cos 2 + 0.5e^{2*2} + \frac{1}{2}2^{-2} + \ln 2 - (-\cos 1 + 0.5e^{2*1} + \frac{1}{2}1^{-2} + \ln 1)$

$= 0.416 + 27.299 + 0.125 + 0.693 + 0.54 - 3.695 - 0.5 - 0 = 24.88$

4.J Zunächst muß das Integral gelöst werden. Aus dem Bruch lassen sich zwei einzelne Brüche machen:

$\lim_{b \to \infty} \int_{1}^{b} \frac{x-2}{x^3}\,dx = \lim_{b \to \infty} \int_{1}^{b} \frac{1}{x^2} - \frac{2}{x^3}\,dx$

$= \lim_{b \to \infty}\left[-x^{-1} + x^{-2}\right]_{1}^{b} = \lim_{b \to \infty}(-b^{-1} + b^{-2} - (-1+1)) = 0$

4.K $\int_{-4}^{4}(ax^3 - bx)\,dx = \left[\frac{1}{4}ax^4 - \frac{1}{2}bx^2\right]_{-4}^{4}$

$= \frac{1}{4}a*4^4 - \frac{1}{2}b*4^2 - (\frac{1}{4}a*(-4)^4 - \frac{1}{2}b*(-4)^2) = 0$

Anmerkung: Da die Funktion nur ungeradzahlige x-Potenzen enthält, handelt es sich um eine zum Ursprung punktsymmetrische Funktion. Werden derartige Funktionen über ein Intervall integriert, dessen Mitte der Ursprung ist, so ergibt sich immer ein Ergebnis von Null.

4.L Für die partielle Integration gilt folgende Regel:

$$\int g(x) * f'(x) = \int (g(x) * f(x))' - \int g'(x) * f(x)$$

In diesem Fall wird $x^7 = f'$ und $\ln x = g$ gewählt. Somit ergibt sich:

$$f = \frac{1}{8} x^8 \qquad g' = \frac{1}{x}$$

Es folgt:
$$\int x^7 \ln x \, dx = \frac{1}{8} x^8 * \ln x - \int \frac{1}{8} x^8 \frac{1}{x} dx$$
$$= \frac{1}{8} x^8 * \ln x - \int \frac{1}{8} x^7 dx$$
$$= \frac{1}{8} x^8 * \ln x - \frac{1}{8} \frac{1}{8} x^8$$

Die Grenzen können nun in die Stammfunktion eingesetzt werden:

$$\int_1^2 x^7 \ln x \, dx = \left[\frac{1}{8} x^8 * \ln x - \frac{1}{64} x^8 \right]_1^2 = 32 \ln 2 - 2 - (-\frac{1}{64}) = 18{,}2$$

4.M a) Die Definitionsmenge gibt an, welche Werte für x eingesetzt werden dürfen. Bei der vorliegenden Funktion sind für x alle Werte aus $\mathbb{R}$ außer 0 erlaubt. Bei x=0 würde im Exponenten durch Null geteilt werden, was aber nicht erlaubt ist. Also ergibt sich: $\mathbb{D} = \mathbb{R} \setminus 0$

b) Die Ableitung läßt sich mittels der Kettenregel relativ einfach bestimmen, es ergibt sich:

$$f'(x) = (1 - x^{-2}) * e^{(x + \frac{1}{x})}$$

c) $\int_1^2 f'(x) \, dx = \left[e^{x + \frac{1}{x}} \right]_1^2 = e^{2 + 0.5} - e^{1+1} = 4{,}79$

Die Integration ist hierbei recht einfach, denn die Stammfunktion von $f'(x)$ ist ja gerade $f(x)$.

4.N Das Integral muß mit partieller Integration gelöst werden. Nachfolgend wird zunächst die Stammfunktion bestimmt, das heißt, es wird das Integral ohne Grenzen berechnet. Die Grenzen werden dann in die Stammfunktion eingesetzt. Für die partielle Integration gilt folgende Formel:

$$\int f'g = fg - \int fg'$$

In diesem Fall ist es sinnvoll, den Term x^2 mit $g(x)$ zu identifizieren. In dem rechten Integral steht dann die Ableitung von $g(x)$. Wenn man diesen Schritt dann nochmal wiederholt, ergibt sich ein Integral, das man lösen kann:

$\int x^2 * \sin(x) dx$
$\uparrow\uparrow$
$g(x)\ \ f'(x)$

$\Rightarrow g'(x) = 2x \quad f(x) = -\cos(x)$

Somit ergibt sich mittels der angeführten Regel:

$\int x^2 * \sin(x) dx = -\cos(x) * x^2 - \int -\cos(x) * 2x\, dx$

Nun wird dieselbe Regel nochmal angewendet:

$-\cos(x) * x^2 - \int -\cos(x) * 2x\, dx$
$\uparrow\uparrow$
$f'(x)g(x) \Rightarrow g'(x) = 2 \quad f(x) = -\sin(x)$

Somit ergibt sich:

$= -\cos(x) * x^2 - (-\sin(x)*2x - \int -\sin(x)*2\, dx\,)$

$= -\cos(x) * x^2 - (-\sin(x)*2x - 2\cos(x)\,)$

$= -\cos(x) * x^2 + \sin(x)*2x + 2\cos(x)$

Nun müssen noch die Grenzen in die gefundene Stammfunktion eingesetzt werden:

$\int_0^\Pi x^2 * \sin(x) dx = [-\cos(x) * x^2 + \sin(x)*2x + 2\cos(x)]_0^\Pi$

$= -\cos(\Pi)*\Pi^2 + \sin(\Pi)*2\Pi + 2\cos(\Pi)$
$\quad - [-\cos(0)*0^2 + \sin(0)*2*0 + 2\cos(0)]$

$= -(-1)*\Pi^2 + 0*2\Pi + 2*(-1) - [\,2*1\,] = \Pi^2 - 4$

4.0 Es handelt sich um ein uneigentliches Integral, denn die eine Grenze ist unendlich. Man ersetzt hier die untere Grenze durch eine Konstante (nachfolgend a gennant) und berechnet den Grenzwert gegen unendlich:

$\int_{-\infty}^{-3} \frac{1}{(x+2)^2} dx = \lim_{a \to -\infty} \int_a^{-3} \frac{1}{(x+2)^2} dx = \lim_{a \to -\infty} \int_a^{-3} (x+2)^{-2} dx$

$= \lim_{a \to -\infty} [-(x+2)^{-1}]_a^{-3} = \lim_{a \to -\infty} (-(-3+2)^{-1} - (-(a+2)^{-1})$

$= 1 - 0 = 1$

5 Differentialrechnung mehrerer Veränderlicher

5.1 Partielle Ableitungen /Totales Differential

5.1.A Bestimmen Sie grad(f(x, y, z)) für die Funktion

$$f(x, y, z) = \frac{\sin x}{\cos y} + z * e^{(x^2 + z^2)}.$$

5.1.B Bestimmen Sie grad(f($\vec{x}$)) für die Funktion f: $\mathbb{R}^3 \to \mathbb{R}$ mit

$$f(\vec{x}) = x_1^2 \sin(x_2^2) + \ln(\sqrt{x_3}) - \frac{1}{x_1 x_2 x_3}$$

5.1.C Bestimmen Sie grad(f($\vec{x}$)) für

$$f(\vec{x}) = x\sqrt{y - z^2} + y^2 \ln(z) - e^{xy} \quad \text{mit } (\vec{x}) = \begin{pmatrix} x \\ y \\ z \end{pmatrix}$$

5.1.D Bestimmen Sie das totale Differential von:
f: $\mathbb{R}^2 \to \mathbb{R}$ mit $f(x; y) = e^{x*y} - (xy)^2$
an der Stelle (1; 1) für dx = 0,1; dy = 0,2.
Vergleichen Sie den Wert mit df = f(1,1; 1.2) − f((1; 1)).

Lösungsvorschläge zu 5.1:

5.1.A Der Gradient einer Funktion ist der Vektor der partiellen Ableitungen. Er ist ansich als Zeilenvektor definiert. Der besseren Übersicht wegen wurde er nachfolgend als Spaltenvektor geschrieben.

$$\text{grad}(f(x, y, z)) = \begin{pmatrix} \dfrac{\cos x}{\cos y} + 2x*z*e^{(x^2 + z^2)} \\ \dfrac{0*\cos y - \sin x*(-\sin y)}{(\cos y)^2} \\ e^{(x^2 + z^2)} + 2z*z*e^{(x^2 + z^2)} \end{pmatrix}^T \quad \begin{array}{l} \\ \text{Quotientenregel} \\ \\ \text{Produktregel} \end{array}$$

$$= \begin{pmatrix} \dfrac{\cos x}{\cos y} + 2x*z*e^{(x^2 + z^2)} \\ \dfrac{\sin x * \sin y}{(\cos y)^2} \\ (1 + 2z^2)*e^{(x^2 + z^2)} \end{pmatrix}^T$$

5.1.B Mittels einiger Umformungen können die partiellen Ableitungen erleichtert werden:

$f(\vec{x}) = x_1^2 \sin(x_2^2) + \ln(x_3^{0,5}) - (x_1 x_2 x_3)^{-1}$
$= x_1^2 \sin(x_2^2) + 0{,}5 * \ln(x_3) - x_1^{-1} x_2^{-1} x_3^{-1}$

Für die Ableitungen ergibt sich nun:

$$\text{grad}(f(\vec{x})) = \begin{pmatrix} 2x_1 \sin(x_2^2) - (-x_1^{-2} x_2^{-1} x_3^{-1}) \\ x_1^2 \cos(x_2^2)\, 2x_2 - (-x_1^{-1} x_2^{-2} x_3^{-1}) \\ \dfrac{0{,}5}{x_3} - (-x_1^{-1} x_2^{-1} x_3^{-2}) \end{pmatrix}$$

$$= \begin{pmatrix} 2x_1 \sin(x_2^2) + x_1^{-2} x_2^{-1} x_3^{-1} \\ 2x_1^2 x_2 \cos(x_2^2) + x_1^{-1} x_2^{-2} x_3^{-1} \\ \dfrac{0{,}5}{x_3} + x_1^{-1} x_2^{-1} x_3^{-2} \end{pmatrix}$$

5.1.C Der Gradient einer Funktion ist der Vektor der partiellen Ableitungen.

Die Funktion lautet: $f(\vec{x}) = x(y - z^2)^{0,5} + y^2 \ln x - e^{xy}$

$$\text{grad}(f(x, y, z)) = \begin{pmatrix} (y - z^2)^{0,5} - ye^{xy} \\ 0,5x(y - z^2)^{-0,5} + 2y\ln z - xe^{xy} \\ 0,5x(y - z^2)^{-0,5} * (-2z) + y^2 z^{-1} \end{pmatrix}$$

$$= \begin{pmatrix} (y - z^2)^{0,5} - ye^{xy} \\ 0,5x(y - z^2)^{-0,5} + 2y\ln z - xe^{xy} \\ -xz(y - z^2)^{-0,5} + y^2 z^{-1} \end{pmatrix}$$

5.1.D Hier soll überprüft werden, wie gut die Veränderung der Funktion durch das totale Differential angenähert wird. Um das totale Differential berechnen zu können, müssen zunächst die partiellen Ableitungen der Funktion nach x und y gebildet werden:

$\dfrac{\partial f(x, y)}{\partial x} = y * e^{x*y} - 2x * y^2$ $\quad \dfrac{\partial f(x, y)}{\partial y} = x * e^{x*y} - 2y * x^2$

Das totale Differential ergibt sich damit zu:

$df(x,y) = (y * e^{x*y} - 2x * y^2) * dx + (x * e^{x*y} - 2y * x^2) * dy$

Das totale Differential soll an der Stelle (1, 1) für dx = 0,1 und dy = 0,2 berechnet werden. Daher muß für x und y 1 eingesetzt werden, für dx 0,1 und für dy 0,2. Wird dies durchgeführt, ergibt sich:

$df(1,1) = (1 * e^{1*1} - 2*1 * 1^2) * 0,1 + (1 * e^{1*1} - 2*1 * 1^2) * 0,2$

$= (e - 2) * 0,1 + (e - 2) * 0,2 = 0,215$

Nun soll der tatsächliche Unterschied der Funktionswerte bestimmt werden, hierzu müssen die Werte einfach in die Funktion eingesetzt werden:

$\Delta f = f(1,1; 1,2) - f((1; 1)) = e^{1,1 * 1,2} - 1,1^2 * 1,2^2 - (e^{1*1} - 1^2 * 1^2) = 0,283$

Der Wert des totalen Differentials liegt deutlich unter dem tatsächlichen Unterschied der Funktionswerte. Dies bedeutet, daß in diesem Fall das totale Differential keine gute Näherung für die Funktion ist (dx und dy sind zu groß).

5.2 Extremwerte von Funktionen mit mehreren Variablen

5.2.A Bestimmen und klassifizieren Sie die Extrema der Funktion
$f(x; y) = \frac{1}{3}x^3 - x^2 + y^3 - 12y$.

5.2.B Ein Produzent bietet zwei Güter an. Zwischen den Absatzvariablen x_1, x_2 und den Preisvariablen p_1, p_2 gelten die Beziehungen:

$x_1 = 50 - p_1 - 0{,}5p_2$, $x_2 = 60 - 0{,}5p_1 - 1{,}5p_2$

Die Kosten sind gegeben durch:

$c_1(x_1) = 60 + 0{,}5x_1$, $c_2(x_2) = 60 + 0{,}5x_2$.

a) Ermitteln Sie die Gewinnfunktion
$g(p_1, p_2) = p_1 x_1 + p_2 x_2 - c_1(x_1) - c_2(x_2)$
in Abhängigkeit von p_1 und p_2.

b) Wie sind die Preise zu wählen, daß der Gewinn g maximal wird? Überprüfen Sie auch, ob es sich tatsächlich um ein Gewinnmaximum handelt. Wie hoch ist der maximale Gewinn?

c) Der Produzent setzt den Preis $p_2 = 10$ fest. Wie hat er dann den Preis p_1 zu wählen, damit der Gewinn (g) maximal wird?

Lösungsvorschläge zu 5.2:

5.2.A $f: (x; y) \to \frac{1}{3} x^3 - x^2 + y^3 - 12y$.

Diese Funktion hängt von zwei Variablen ab. Extremwerte kann sie nur haben, wenn ihre partiellen Ableitungen in Richtung der beiden Variablen gleichzeitig Null sind:

$\frac{\partial f}{\partial x} = x^2 - 2x = 0 \Leftrightarrow x(x - 2) = 0 \Leftrightarrow x = 0 \lor x = 2$

$\frac{\partial f}{\partial y} = 3y^2 - 12 = 0 \Leftrightarrow y^2 = 4 \Leftrightarrow y = 2 \lor y = -2$

An den folgenden 4 Stellen hat die Funktion also eine waagerechte Tangentialebene:

$$(0; 2) \quad (0; -2) \quad (2; 2) \quad (2; -2)$$

Allerdings muß es sich bei diesen Punkten nicht um Extremwerte handeln, denn genauso wie bei eindimensionalen Funktionen kann es auch hier Sattelpunkte geben. Zur Überprüfung, ob es sich um einen Extremwert handelt, kann man auch wieder die "zweite Ableitung" verwenden, nur daß es hier mehrere zweite Ableitungen gibt. Aus den zweiten Ableitungen wird eine Matrix gebildet, die man Hessesche Matrix nennt. Für eine Funktion mit zwei Variablen sieht sie folgendermaßen aus:

$$H = \begin{pmatrix} \frac{\partial^2 f}{\partial x^2} & \frac{\partial^2 f}{\partial x \, \partial y} \\ \frac{\partial^2 f}{\partial y \, \partial x} & \frac{\partial^2 f}{\partial y^2} \end{pmatrix}$$

Die Hessesche Matrix ist symmetrisch, denn es ist egal, ob zuerst nach x oder y abgeleitet wird. Für die ersten Ableitungen ergab sich:

$\frac{\partial f}{\partial x} = x^2 - 2x = 0 \qquad \frac{\partial f}{\partial y} = 3y^2 - 12$

Somit folgt:

$\frac{\partial^2 f}{\partial x^2} = 2x - 2$

$\frac{\partial^2 f}{\partial x \, \partial y} = \frac{\partial^2 f}{\partial y \, \partial x} = 0$

$\frac{\partial^2 f}{\partial y^2} = 6y$

$H = \begin{pmatrix} 2x-2 & 0 \\ 0 & 6y \end{pmatrix}$

Diese Matrix muß nun an den zuvor gefundenen Punkten unter-

sucht werden. Ist die Matrix
- positiv definit, so handelt es sich um ein isoliertes Minimum
- negativ definit, so handelt es sich um ein isoliertes Maximum
- indefinit, so handelt es sich um kein lokales Extremum

Nach dem **Hurwitz Kriterium** ist eine Matrix genau dann positiv definit, wenn ihre Determinante und alle durch sukzessives Streichen der letzten Zeile und Spalte entstehenden Determinanten positiv sind. Im vorliegenden Fall (Funktion von zwei Variablen) bleibt beim Streichen der letzten Zeile und Spalte nur eine Zahl übrig. Die vorliegende Matrix ist also genau dann positiv definit, wenn die Determinante und das links oben in der Matrix stehende Element positiv sind. Da das links oben stehende Element positiv sein muß und die Determinante positiv sein soll, muß auch das rechts unten stehende Element positiv sein. Negativ definit ist die Matrix H, wenn die Matrix $-H$ positiv definit ist. Im vorliegenden Fall müssen also h_{11} und h_{22} beide negativ sein

(0; 2): $H = \begin{pmatrix} -2 & 0 \\ 0 & 12 \end{pmatrix} \Rightarrow h_{22} = 12 > 0; h_{11} = -2 < 0$

$H(0; 2)$ ist indefinit, und es liegt ein Sattelpunkt vor.

(0; -2): $H = \begin{pmatrix} -2 & 0 \\ 0 & -12 \end{pmatrix} \Rightarrow h_{22} = -12 < 0; h_{11} = -2 < 0$

$H(0; -2)$ ist negativ definit, und es liegt ein isoliertes Maximum vor.

(2; 2): $H = \begin{pmatrix} 2 & 0 \\ 0 & 12 \end{pmatrix}$ $h_{22} = 12 > 0; h_{11} = 2 > 0$

$H(2; 2)$ ist positiv definit, und es liegt ein isoliertes Minimum vor.

(2; -2): $H = \begin{pmatrix} 2 & 0 \\ 0 & -12 \end{pmatrix}$ $h_{22} = -12 < 0; h_{11} = 2 > 0$

$H(2; -2)$ ist indefinit, und es liegt ein Sattelpunkt vor.

Die Funktion hat demnach zwei Extremwerte:

Minimum: (2; 2), $f(2; 2) = -17{,}33$

Maximum: (0; -2), $f(0; -2) = 16$

Da die Funktion für $x/y \to \infty$ gegen ∞ und für $x/y \to -\infty$ gegen $-\infty$

geht, handelt es sich bei beiden Extremwerten um lokale Extrema.

5.2.B

a) Die Gewinnfunktion, die abhängig von p_1 und p_2 ist, erhält man, indem man für x_1 und x_2 die entsprechenden Ausdrücke ersetzt:

$g(p_1, p_2) = p_1(50 - p_1 - 0{,}5p_2) + p_2(60 - 0{,}5p_1 - 1{,}5p_2)$
$\quad - (60 + 0{,}5x_1) - (60 + 0{,}5x_2)$

$= p_1(50 - p_1 - 0{,}5p_2) + p_2(60 - 0{,}5p_1 - 1{,}5p_2)$
$\quad - (60 + 0{,}5(50 - p_1 - 0{,}5p_2)) - (60 + 0{,}5(60 - 0{,}5p_1 - 1{,}5p_2))$

$= 50p_1 - p_1^2 - 0{,}5p_1p_2 + 60p_2 - 0{,}5p_1p_2 - 1{,}5p_2^2$
$\quad - (60 + 25 - 0{,}5p_1 - 0{,}25p_2) - (60 + 30 - 0{,}25p_1 - 0{,}75p_2)$

$= 50p_1 - p_1^2 - 0{,}5p_1p_2 + 60p_2 - 0{,}5p_1p_2 - 1{,}5p_2^2$
$\quad - 85 + 0{,}5p_1 + 0{,}25p_2 - 90 + 0{,}25p_1 + 0{,}75p_2$

$= \mathbf{50{,}75p_1 - p_1^2 - p_1p_2 + 61p_2 - 1{,}5p_2^2 - 175}$

b) Notwendige Bedingung für ein lokales Maximum ist, daß die partiellen Ableitungen Null werden:

$\frac{\partial g}{\partial p_1} = 50{,}75 - 2p_1 - p_2 = 0$

$\frac{\partial g}{\partial p_2} = -p_1 + 61 - 3p_2 = 0$

Nachfolgend wird die zweite Gleichung nach p_1 aufgelöst und dann in die erste Gleichung eingesetzt:

$-p_1 + 61 - 3p_2 = 0 \Leftrightarrow 61 - 3p_2 = p_1$

$\Rightarrow 50{,}75 - 2(61 - 3p_2) - p_2 = 0$

$\Leftrightarrow 50{,}75 - 122 + 6p_2 - p_2 = 0$

$\Leftrightarrow -71{,}25 + 5p_2 = 0$

$\Leftrightarrow 5p_2 = 71{,}25$

$\Leftrightarrow \mathbf{p_2 = 14{,}25}$

Aus der nach p_1 aufgelösten Gleichung folgt nun weiterhin:

$p_1 = 61 - 3p_2 \Rightarrow p_1 = 61 - 3*14{,}25 \Leftrightarrow \mathbf{p_1 = 18{,}25}$

Das einzige lokale Extremum der Funktion liegt also bei (18,25; 14,25).

Um festzustellen, ob es sich tatsächlich um ein Maximum handelt, muß die Hessematrix betrachtet werden. Es müssen also die zweiten partiellen Ableitungen berechnet werden. Die ersten partiellen Ableitungen lauteten:

$$\frac{\partial g}{\partial p_1} = 50{,}75 - 2p_1 - p_2 = 0 \qquad \frac{\partial g}{\partial p_2} = -p_1 + 61 - 3p_2 = 0$$

Für die zweiten partiellen Ableitungen ergibt sich nun:

$$\frac{\partial^2 g}{\partial p_1^2} = -2 \qquad \frac{\partial^2 g}{\partial p_2^2} = -2 \qquad \frac{\partial^2 g}{\partial p_1 \partial p_2} = \frac{\partial^2 g}{\partial p_2 \partial p_1} = -1$$

Für die Hessematrix ergibt sich somit:

$$H(p_1; p_2) = \begin{pmatrix} -2 & -1 \\ -1 & -2 \end{pmatrix}$$

Da die Hessematrix unabhängig von p_1 und p_2 ist, brauchen die Werte der möglichen Extremstelle (18,25; 14,25) nicht in die Hessematrix eingesetzt zu werden.

Es soll gezeigt werden, daß die Funktion ein Maximum hat. Ein Maximum liegt vor, wenn die Hessematrix negativ definit ist. Dies ist der Fall, wenn $-H$ positiv definit ist:

$$-H = -\begin{pmatrix} -2 & -1 \\ -1 & -2 \end{pmatrix} = \begin{pmatrix} 2 & 1 \\ 1 & 2 \end{pmatrix}$$

Eine (2, 2)-Matrix ist positiv definit, wenn ihre Determinante und das links oben stehende Element positiv sind.

$$\det(-H) = 2*2 - 1*1 = 3$$

Die Determinante ist also positiv. Links oben steht auch ein positives Element. Somit ist $-H$ positiv definit. Entsprechend ist H negativ definit, und die Funktion hat bei (18,25; 14,25) ein Maximum.

Für den Funktionswert ergibt sich:

$$\begin{aligned} g(18{,}25;\, 14{,}25) =\ & 50{,}75 * 18{,}25 - 18{,}25^2 - 18{,}25 * 14{,}25 \\ & + 61 * 14{,}25 - 1{,}5 * 14{,}25^2 - 175 = 722{,}72 \end{aligned}$$

c) Den vorgegebenen Wert für p_2 muß man in die Gewinnfunktion einsetzen. Diese hängt dann nur noch von einer Variablen ab:

$g(p_1) = 50{,}75p_1 - p_1^2 - p_1*10 + 61*10 - 1{,}5*10^2 - 175$

$ = 50{,}75p_1 - p_1^2 - 10p_1 + 610 - 150 - 175$

$ = 40{,}75p_1 - p_1^2 + 285$

Da es sich nun um eine Funktion von einer Variablen handelt, kann der gewinnmaximale Preis gefunden werden, indem die erste Ableitung der Funktion gleich Null gesetzt wird und dann die zweite Ableitung überprüft wird:

$g'(p_1) = 40{,}75 - 2p_1 = 0$

$\Leftrightarrow 40{,}75 = 2p_1$

$\Leftrightarrow p_1 = 20{,}375$

$g''(p_1) = -2$

Die zweite Ableitung ist überall negativ, also auch bei $p_1 = 20{,}375$, es liegt also tatsächlich ein Maximum vor.

Es ist ein Preis von 20,375 zu wählen.

5.3 Lagrangemethode

5.3.A a) Bestimmen Sie mit der Lagrangetechnik die potentiellen Extremwerte von $f(x,y) = x^2 + x*y + y^2$ unter der Nebenbedingung $x = y$.

b) Berechnen und klassifizieren Sie die potentiellen Extremwerte von $f(x,y)$ mit der Substitutionsmethode.

5.3.B Berechnen Sie mit Hilfe des Lagrange-Ansatzes alle stationären Stellen der Funktion

$$f: \mathbb{R}^3 \to \mathbb{R}; \begin{pmatrix} x_1 \\ x_2 \\ x_3 \end{pmatrix} \to f(x) = y = x_1^2 + x_2^2 + x_3^2$$

unter den Nebenbedingungen
$x_1 + x_2 = 1$
$2x_2 + x_3 = -2$

5.3.C Bestimmen Sie mit Hilfe des Lagrange-Ansatzes mögliche Extrema von $x + 2y$ unter der Nebenbedingung $x^2 + y^2 = 1$. Handelt es sich wirklich um Extrema?

5.3.D Verwenden Sie die Methode von Lagrange zur Lösung folgender Aufgabe.

Eine Unternehmensabteilung setzt Facharbeiter und Hilfsarbeiter ein. Der wöchentliche Output Y bei Einsatz von F Facharbeiterstunden und H Hilfsarbeiterstunden ist durch die folgende Produktionsfunktion $Y: \mathbb{R}^2 \to \mathbb{R}$ gegeben:

$$Y = Y(F, H) = 120F + 80H + 10FH - 0{,}5F^2 - \frac{2}{9}H^2 .$$

Der Facharbeiterlohn beträgt 6 GE/h (Geldeinheiten pro Stunde) und der Hilfsarbeiterlohn 4 GE/h. Der Abteilung steht zur Entlohnung der Arbeitskräfte ein fest vorgegebenes Budget B zur Verfügung.

Speziell sei a) B = 504 GE
b) B = 432 GE

Mit welchen Zeiten soll die Abteilung Facharbeiter bzw. Hilfsarbeiter einsetzen, damit die Produktionsmenge möglichst groß wird?

5.3.E Ermitteln Sie mit Hilfe des Lagrange-Ansatzes die stationären Stellen der Funktion

f: $(x, y, z) \to -5x^2 + 4y^2 + 3z^2$

unter den Nebenbedingungen $x + y = 3$ und $y + z = 4$.

5.3.F Gegeben ist die Funktion f: $\mathbb{R}^2 \to \mathbb{R}$ mit $f(x, y) = e^{4-x^2-y^2}$.
Bestimmen Sie mögliche Extremwerte von f unter der Nebenbedingung $x^2 + 2y = 6$. Verwenden Sie dabei die Methode von Lagrange.

5.3.G Berechnen Sie mit Hilfe des Lagrange-Ansatzes alle stationären Stellen der Funktion

f: $\mathbb{R}^3 \to \mathbb{R}; \begin{pmatrix} x_1 \\ x_2 \\ x_3 \end{pmatrix} \to f(x) = y = x_1^2 - x_2^2 - x_3^2$

unter den Nebenbedingungen
$x_1 + x_2 = 0$
$2x_1 - x_3 = 4$

Lösungsvorschläge zu 5.3:

5.3.A a) Die Lagrangefunktion besteht aus der ursprünglichen Funktion, zu der die Nebenbedingungen multipliziert mit den Lagrangeparametern λ_i hinzugezählt werden. Die Nebenbedingungen müssen hierzu zuvor so umgeformt werden, daß auf der einen Seite nur noch eine Null steht. Im vorliegenden Fall ergibt sich:

$$L(x, y, \lambda) = x^2 + x*y + y^2 + \lambda(x - y)$$

Das Lagrangeprinzip besagt nun, daß diese Funktion dieselben Extremwerte hat wie die ursprüngliche Funktion f(x,y). Die möglichen Extremwerte von L liegen nun dort, wo die partiellen Ableitungen dieser Funktion nach x, y und λ Null sind.

$$\frac{\partial L}{\partial x} = 2x + y + \lambda = 0$$

$$\frac{\partial L}{\partial y} = 2y + x - \lambda = 0$$

$$\frac{\partial L}{\partial \lambda} = x - y = 0$$

Somit ergibt sich ein Gleichungssystem mit 3 Gleichungen und 3 Unbekannten. Aus der untersten Gleichung folgt x=y (die Ableitungen nach den Lagrangeparametern reproduzieren gerade wieder die Nebenbedingungen). Wenn man in den oberen Gleichungen x durch y ersetzt, ergibt sich:

$$2y + y + \lambda = 0$$

$$2y + y - \lambda = 0$$

Die Summierung dieser beiden Gleichungen ergibt:

$$6y = 0 \Leftrightarrow y = 0 \Rightarrow x = 0 \wedge \lambda = 0$$

Der Wert des Lagrangeparameters spielt für die möglichen Extremwerte keine Rolle. Also liegen potentielle Extremwerte der Funktion bei (0, 0).

b) Bei der Substitutionsmethode wird die Nebenbedingung nach einer Variablen aufgelöst. Diese Variable wird dann in der Funktion ersetzt. In diesem Fall braucht die Nebenbedingung nicht weiter aufgelöst zu werden, denn sie lautet ja x = y. Nachfolgend wird in der Funktion für x ersetzt:

$$f(y) = y^2 + y*y + y^2 = 3y^2$$

Da die Funktion nur noch von einer Variablen abhängt ist die weitere Berechnung ziemlich einfach. Zunächst werden die Ableitungen der Funktion gebildet:

$$f'(y) = 6y$$
$$f''(y) = 6$$

Nun wird die erste Ableitung gleich Null gesetzt:

$6y = 0 \Leftrightarrow y = 0$

Einziger möglicher Extremwert der Funktion liegt also bei y = 0. Für die zweite Ableitung ergibt sich an dieser Stelle:

$f''(0) = 6$

Da die zweite Ableitung positiv ist, handelt es sich um einen Tiefpunkt.

Aus der Ersetzungsbedingung (x=y) wird nun der zu dem Extremwert gehörende x-Wert berechnet:

$x = 0$

Die Funktion hat unter der gegebenen Nebenbedingung also nur einen einzigen Extremwert, einen Tiefpunkt an der Stelle (0, 0).

Anmerkung: Bei dieser Aufgabe könnte man sich fragen, wozu man eigentlich die Lagrangemethode lernt, wenn sich die Aufgaben mittels der Substitutionsmethode so einfach – wie hier gezeigt – lösen lassen. Daher sei darauf hingewiesen, daß es Aufgaben gibt, die sich nur mit der Lagrangmethode lösen lassen. Dies ist der Fall, wenn die Nebenbedingung nicht nach einer Variablen aufgelöst werden kann oder allgemeine Zusammenhänge (z. B. Minimalkostenkombination) hergeleitet werden sollen.

5.3.B Stationär ist eine Funktion an den Stellen, an denen ihre Steigung gleich Null ist. Also ist diese Aufgabenstellung äquivalent zu der vorherigen Aufgabe, wo die möglichen Extremstellen bestimmt werden sollten.

Hier sind zwei Nebenbedingungen vorhanden. Diese müssen nach Null aufgelöst und jeweils mit einem eigenen Lagrangeparameter versehen und dann zur Funktion hinzugefügt werden. Es ergibt sich:

$$L = x_1^2 + x_2^2 + x_3^2 + \lambda_1(x_1+x_2 - 1) + \lambda_2(2x_2+ x_3 + 2)$$

$$\frac{\partial L}{\partial x_1} = 2x_1 + \lambda_1 = 0 \Rightarrow \lambda_1 = -2x_1$$

$$\frac{\partial L}{\partial x_2} = 2x_2 + \lambda_1 + 2\lambda_2 = 0$$

$$\frac{\partial L}{\partial x_3} = 2x_3 + \lambda_2 = 0 \Rightarrow \lambda_2 = -2x_3$$

$$\frac{\partial L}{\partial \lambda_1} = x_1+x_2 - 1 = 0$$

$$\frac{\partial L}{\partial \lambda_2} = 2x_2+ x_3 + 2 = 0$$

Nun werden λ_1 und λ_2 in der zweiten Gleichung ersetzt:

$$2x_2 - 2x_1 - 4x_3 = 0$$

Weiterhin verbleiben die beiden Gleichungen aus den Nebenbedingungen:

$$x_1 + x_2 - 1 = 0$$
$$2x_2 + x_3 + 2 = 0$$

Dieses Gleichungssystem kann nun mit dem Gauß-Algorithmus (oder auch anders) berechnet werden. Zunächst werden die Variablen sortiert:

$$-2x_1 + 2x_2 - 4x_3 = 0$$
$$x_1 + x_2 = 1$$
$$2x_2 + x_3 = -2$$

$$\begin{pmatrix} -2 & 2 & -4 & 0 \\ 1 & 1 & 0 & 1 \\ 0 & 2 & 1 & -2 \end{pmatrix} + 0{,}5 * I$$

$$\begin{pmatrix} -2 & 2 & -4 & 0 \\ 0 & 2 & -2 & 1 \\ 0 & 2 & 1 & -2 \end{pmatrix} -II$$

$$\begin{pmatrix} -2 & 2 & -4 & 0 \\ 0 & 2 & -2 & 1 \\ 0 & 0 & 3 & -3 \end{pmatrix} \begin{matrix}/(-2)\\ \\ /3\end{matrix}$$

$$\begin{pmatrix} 1 & -1 & 2 & 0 \\ 0 & 1 & -1 & 0{,}5 \\ 0 & 0 & 1 & -1 \end{pmatrix}$$

Nun folgt: $x_3 = -1$

$x_2 - (-1) = 0{,}5 \Leftrightarrow x_2 = -0{,}5$

$x_1 - (-0{,}5) + 2(-1) = 0 \Leftrightarrow x_1 = 1{,}5$

Es ergibt sich also als einzige stationäre Stelle: $x_1 = 1{,}5$ $x_2 = -0{,}5$ $x_3 = -1$

5.3.C $f(x, y)$ lautet hier $f(x, y) = x + 2y$ und die Nebenbedingung lautet $x^2 + y^2 = 1$.

Für die Lagrangefunktion ergibt sich somit:

$L = x + 2y + \lambda(x^2 + y^2 - 1)$ für die partiellen Ableitungen folgt:

$\frac{\partial L}{\partial x} = 1 + 2x\lambda = 0$

$\frac{\partial L}{\partial y} = 2 + 2y\lambda = 0$

$\frac{\partial L}{\partial \lambda} = x^2 + y^2 - 1 = 0$

Es ist am sinnvollsten, zuerst λ aus den Gleichungen zu eliminieren, da man ja nur x und y ausrechnen muß. Zunächst wird die erste Gleichung mit y und die zweite mit x multipliziert (dieses ist allerdings nur für $x \neq 0 \wedge y \neq 0$ erlaubt; sollte sich als Lösung für eine der Variablen Null ergeben, so muß diese Lösung näher überprüft werden):

$y + 2xy\lambda = 0$
$2x + 2xy\lambda = 0$

Nun wird die zweite Gleichung von der ersten abgezogen:

$\Rightarrow y - 2x = 0 \Leftrightarrow y = 2x$

Wenn man dieses in die dritte Gleichung einsetzt, ergibt sich:

$x^2 + (2x)^2 = 1 \Leftrightarrow 5x^2 = 1 \Leftrightarrow x = \pm\sqrt{0{,}2}$

Für y ergibt sich dann:

$y = \pm 2\sqrt{0{,}2} = \pm\sqrt{4} * \sqrt{0{,}2} = \pm\sqrt{0{,}8}$

Somit ergeben sich folgende Punkte als Lösung:

$(\sqrt{0{,}2}; \sqrt{0{,}8})$ und $(-\sqrt{0{,}2}; -\sqrt{0{,}8})$

Der erste Punkt ist ein Hochpunkt, der zweite ein Tiefpunkt, denn die Funktion nimmt mit steigenden x- und y-Werten zu. Die Nebenbedingung stellt einen Kreis dar.

5.3.D Zunächst muß die Nebenbedingung aufgestellt werden. Pro Facharbeiter muß ein Lohn von 6 Geldeinheiten und pro Hilfsarbeiter ein Lohn von 4 GE bezahlt werden. Somit ergibt sich folgende Nebenbedingung:

$6F + 4H = B$

Für die Lagrangefunktion ergibt sich:

$L(F,H,\lambda) = 120F + 80H + 10FH - 0{,}5F^2 - \frac{2}{9}H^2 + \lambda(6F+4H-B)$

Die Aufgabe soll mit zwei verschiedenen Budgets berechnet werden, daher ist es zunächst am günstigsten, sie in Abhängigkeit von B zu lösen.

$\frac{\partial Y}{\partial F} = 120 + 10H - F + 6\lambda = 0$

$\frac{\partial Y}{\partial H} = 80 + 10F - \frac{4}{9}H + 4\lambda = 0$

$\frac{\partial Y}{\partial \lambda} = 6F + 4H - B = 0$

Die Gleichungen wurden bereits gleich Null gesetzt. Aus den ersten beiden Gleichungen wird nun λ entfernt. Hierzu wird die erste Gleichung mit 2 und die zweite mit 3 multipliziert und dann die zweite von der ersten Gleichung abgezogen:

$240 + 20H - 2F + 12\lambda = 0$

$-(240 + 30F - \frac{4}{3}H + 12\lambda = 0)$

$= -32F + \frac{64}{3}H = 0$

$\Leftrightarrow F = \frac{2}{3}H$

Für F kann nun in die dritte Gleichung eingesetzt werden:

$6*\frac{2}{3}H + 4H - B = 0 \Leftrightarrow 8H = B \Leftrightarrow H = \frac{1}{8}B \Rightarrow F = \frac{1}{12}B$

Somit ergeben sich für die beiden Budgets:

a) $F = 42 \quad H = 63 \quad Y_{max} = 34{,}776$

b) $F = 36 \quad H = 54 \quad Y_{max} = 26{,}784$

5.3.E Die Lagrangefunktion lautet:

$L = -5x^2 + 4y^2 + 3z^2 + \lambda(x + y - 3) + \mu(y + z - 4)$

$\frac{\partial L}{\partial x} = -10x + \lambda = 0 \Leftrightarrow 10x = \lambda$

$\frac{\partial L}{\partial y} = 8y + \lambda + \mu = 0$

$\frac{\partial L}{\partial z} = 6z + \mu = 0 \Leftrightarrow -6z = \mu$

$\frac{\partial L}{\partial \lambda} = x + y - 3 = 0$

$\frac{\partial L}{\partial \mu} = y + z - 4 = 0$

Nun können λ und μ in der zweiten Gleichung ersetzt werden, und es sind dann noch folgende 3 Gleichungen zu lösen:

$8y + 10x + -6z = 0 \Leftrightarrow 10x + 8y - 6z = 0$

$x + y - 3 = 0 \Leftrightarrow x + y = 3$

$y + z - 4 = 0 \Leftrightarrow y + z = 4$

Im folgenden wird der Gauß-Algorithmus zur Lösung des Gleichungssystems angewendet. (Die Zeilen mit den vielen Einsen wurden nachfolgend nach oben geschrieben, weil dies die Rechnung erleichtert, die Reihenfolge der Gleichungen ist ja für das Ergebnis egal). Die erweiterte Koeffizientenmatrix lautet:

$$\begin{pmatrix} 1 & 1 & 0 & 3 \\ 0 & 1 & 1 & 4 \\ 10 & 8 & -6 & 0 \end{pmatrix} \begin{matrix} \\ \\ -10*\text{I} \end{matrix}$$

$$\begin{pmatrix} 1 & 1 & 0 & 3 \\ 0 & 1 & 1 & 4 \\ 0 & -2 & -6 & -30 \end{pmatrix} \begin{matrix} \\ \\ +2*\text{II} \end{matrix}$$

$$\begin{pmatrix} 1 & 1 & 0 & 3 \\ 0 & 1 & 1 & 4 \\ 0 & 0 & -4 & -22 \end{pmatrix} \begin{matrix} \\ \\ /(-4) \end{matrix}$$

$$\begin{pmatrix} 1 & 1 & 0 & 3 \\ 0 & 1 & 1 & 4 \\ 0 & 0 & 1 & 5.5 \end{pmatrix} \begin{matrix} \\ -\text{III} \\ \end{matrix}$$

$$\begin{pmatrix} 1 & 1 & 0 & 3 \\ 0 & 1 & 0 & -1.5 \\ 0 & 0 & 1 & 5.5 \end{pmatrix} \begin{matrix} -\text{II} \\ \\ \end{matrix}$$

$$\begin{pmatrix} 1 & 0 & 0 & 4.5 \\ 0 & 1 & 0 & -1.5 \\ 0 & 0 & 1 & 5.5 \end{pmatrix}$$

Somit hat die Funktion unter den gegebenen Nebenbedingungen nur bei (4,5; −1,5; 5,5) eine stationäre Stelle.

5.3.F Die Lagrangefunktion lautet:

$$L(x, y, \lambda) = e^{4-x^2-y^2} + \lambda(x^2+2y-6)$$

$$\frac{\partial L}{\partial x} = -2xe^{4-x^2-y^2} + 2\lambda x = 0$$

$$\frac{\partial L}{\partial y} = -2ye^{4-x^2-y^2} + 2\lambda = 0 \mid *x$$

$$\frac{\partial L}{\partial \lambda} = x^2 + 2y - 6 = 0$$

Nun wird die zweite Gleichung mit x multipliziert und dann von der ersten Gleichung abgezogen. Dadurch fällt das λ aus den Gleichungen heraus.

$$-2xe^{4-x^2-y^2} + 2\lambda x = 0$$
$$-(-2xye^{4-x^2-y^2} + 2\lambda x = 0)$$
$$\Rightarrow 2xye^{4-x^2-y^2} - 2xe^{4-x^2-y^2} = 0$$

$\Leftrightarrow 2xe^{4-x^2-y^2}*(y-1) = 0 \Leftrightarrow x = 0 \vee y = 1$

($e^{4-x^2-y^2}$ wird nie Null)

Aus der dritten Gleichung müssen nun für die gefundenen Werte die jeweils anderen Werte berechnet werden.

Für x = 0 ergibt sich:

$0^2 + 2y - 6 = 0 \Leftrightarrow y = 3$

Für y = 1 folgt:

$x^2 + 2*1 - 6 = 0 \Leftrightarrow x^2 = 4 \Leftrightarrow x = 2 \vee x = -2$

Insgesamt ergeben sich also als Lösungsmenge folgende drei Punkte:

(0, 3); (2, 1) und (-2, 1)

Für die Funktionswerte ergibt sich.

$f(0, 3) = e^{-5};\ f(2, 1) = f(-2, 1) = e^{-1}$

5.3.G

$L = x_1^2 - x_2^2 - x_3^2 + \lambda_1(x_1+x_2) + \lambda_2(2x_1 - x_3 - 4)$

$\frac{\partial L}{\partial x_1} = 2x_1 + \lambda_1 + 2\lambda_2 = 0$ \hfill (1)

$\frac{\partial L}{\partial x_2} = -2x_2 + \lambda_1 = 0 \Leftrightarrow \lambda_1 = 2x_2$ \hfill (2)

$\frac{\partial L}{\partial x_3} = -2x_3 - \lambda_2 = 0 \Rightarrow \lambda_2 = -2x_3$ \hfill (3)

$\frac{\partial L}{\partial \lambda_1} = x_1 + x_2 = 0 \Rightarrow x_2 = -x_1$ \hfill (4)

$\frac{\partial L}{\partial \lambda_2} = 2x_1 - x_3 - 4 = 0$ \hfill (5)

Nun werden λ_1 und λ_2 in der ersten Gleichung ersetzt:

$2x_1 + 2x_2 + 2(-2x_3) = 0 \Leftrightarrow 2x_1 + 2x_2 - 4x_3 = 0$ \hfill (6)

Mittels der vierten Gleichung kann nun x_2 ersetzt werden (natürlich könnte auch dieses Gleichungssystem wieder mit dem Gauß-Algorithmus gelöst werden):

$2x_1 - 2x_1 - 4x_3 = 0 \Leftrightarrow -4x_3 = 0 \Leftrightarrow x_3 = 0$

Dies eingesetzt in die fünfte Gleichung, ergibt:

$2x_1 - 4 = 0 \Leftrightarrow 2x_1 = 4 \Leftrightarrow x_1 = 2$

Werden nun x_1 und x_3 in (6) ersetzt, folgt:

$2*2 + 2x_2 = 0 \Leftrightarrow 2x_2 = -4 \Leftrightarrow x_2 = -2$

Somit ergibt sich als einzige stationäre Stelle von f: (2; -2; 0)

5.4 Abbildungen in den $\mathbb{R}^n$

5.4.A Gegeben sind die Funktionen:

$$f: \mathbb{R}^2 \to \mathbb{R}^3 \text{ mit } \begin{pmatrix} y_1 \\ y_2 \\ y_3 \end{pmatrix} = \begin{pmatrix} x_1 + x_2 \\ 1 + x_1^2 + x_2^2 \\ x_1 * x_2 \end{pmatrix} \text{ und}$$

$$g: \mathbb{R}^+ \to \mathbb{R}^2 \text{ mit } \begin{pmatrix} x_1 \\ x_2 \end{pmatrix} = \begin{pmatrix} \ln t \\ t-1 \end{pmatrix}$$

a) Bestimmen Sie $D_f(\vec{x}) = \left(\dfrac{\partial y_i}{\partial x_j} \right)$ und

$D_g(t) = \left(\dfrac{\partial x_j}{\partial t} \right)$ (i = 1, 2, 3; j = 1, 2)

b) Bestimmen Sie mit der Kettenregel die Matrix $D_{f \circ g}(t)$

5.4.B Gegeben seien die beiden Funktionen

$$v: \mathbb{R}^2 \to \mathbb{R}^3; \begin{pmatrix} x_1 \\ x_2 \end{pmatrix} \to v(\vec{x}) = \begin{pmatrix} x_1 + x_2 \\ 2x_1^2 - x_2^3 \\ x_1 x_2 \end{pmatrix}$$

$$u: \mathbb{R}^3 \to \mathbb{R}; \begin{pmatrix} r_1 \\ r_2 \\ r_3 \end{pmatrix} \to u(\vec{r}) = y = r_1 r_3 + r_2$$

a) Bestimmen Sie $u \circ v$

b) Bestimmen Sie $(u \circ v)'(\underline{x})$

c) Bestimmen Sie $(u \circ v)'(\underline{x}) = \left[\dfrac{\partial y}{\partial x_k} \right]$ mittels der mehrdimensionalen Kettenregel aus den Ableitungen von u und v.

Lösungsvorschläge zu 5.4:

5.4.A
a)
$$D_f(\vec{x}) = \begin{pmatrix} 1 & 1 \\ 2x_1 & 2x_2 \\ x_2 & x_1 \end{pmatrix} \qquad D_g(t) = \begin{pmatrix} \frac{1}{t} \\ 1 \end{pmatrix}$$

b) Hier muß entsprechend der mehrdimensionalen Kettenregel das Matrizenprodukt der Ableitungsmatrizen gebildet werden:

$$D_f(\vec{x}) * D_g(t) = \begin{array}{c|c} & \begin{array}{c} \frac{1}{t} \\ 1 \end{array} \\ \hline \begin{array}{ccc} 1 & 1 \\ 2x_1 & 2x_2 \\ x_2 & x_1 \end{array} & \begin{array}{c} \frac{1}{t}+1 \\ 2x_1\frac{1}{t}+2x_2 \\ x_2*\frac{1}{t}+x_1 \end{array} \end{array}$$

Entsprechend der Funktionsvorschrift für die einzelnen Komponenten von g müssen nun noch die x_i durch t ersetzt werden. Hierbei ergibt sich:

$$D_{f \circ g}(t) = \begin{pmatrix} \frac{1}{t}+1 \\ 2\ln t * \frac{1}{t} + 2(t-1) \\ (t-1)*\frac{1}{t}+\ln t \end{pmatrix}$$

5.4.B

a) $u \circ v = x_1^2 x_2 + x_1 x_2^2 + 2x_1^2 - x_2^3$

b) Es muß nach allen Variablen der Funktion partiell abgeleitet werden, um $(u \circ v)'(x)$ zu bestimmen.

$(u \circ v)'(x) = 2x_1 x_2 + x_2^2 + 4x_1 \; ; \; x_1^2 + 2x_1 x_2 - 3x_2^2$

c) Nach der mehrdimensionalen Kettenregel kann man auch die Ableitungen der einzelnen Funktionen berechnen (dies sind Matrizen) und dann ihr Matrizenprodukt errechnen.

$u' = (r_3 \; ; \; 1 \; ; \; r_1)$

$$v' = \begin{pmatrix} 1 & 1 \\ 4x_1 & -3x_2^2 \\ x_2 & x_1 \end{pmatrix}$$

$$u' * v' = \begin{array}{c|cc} & \begin{pmatrix} 1 & 1 \\ 4x_1 & -3x_2^2 \\ x_2 & x_1 \end{pmatrix} \\ \hline (r_3 \; ; \; 1 \; ; \; r_1) & r_3 + 4x_1 + r_1 x_2 & r_3 - 3x_2^2 + r_1 x_1 \end{array}$$

Nun werden r_1 und r_3 ersetzt:

$u' * v' = (\, x_1 x_2 + 4x_1 + (x_1 + x_2)x_2 \quad ; \quad (x_1 x_2) - 3x_2^2 + (x_1 + x_2)x_1 \,)$

$= (\, x_1 x_2 + 4x_1 + x_1 x_2 + x_2^2 \; ; \; x_1 x_2 - 3x_2^2 + x_1^2 + x_1 x_2 \,)$

$= (\, 2x_1 x_2 + x_2^2 + 4x_1 \quad ; \quad x_1^2 + 2x_1 x_2 - 3x_2^2 \,)$

6 Differentialgleichungen

6.A Die Differentialgleichung $\left(\frac{dy}{dx} = \right)$ $y' = 2(x+1)y$
läßt sich zu folgender Gleichung umformen:
$$\int \frac{dy}{y} = \int (2x+2)\, dx.$$
Bestimmen Sie die Funktion $y(x)$ mit der Anfangsbedingung $y(-1) = 1$.

6.B Die Funktion $f : X \to \mathbb{R}$, $x \mapsto f(x) = y$ erfüllt die Differentialgleichung
$$y' = \frac{y}{x+5}$$
Bestimmen Sie f durch Lösen der DGl unter Berücksichtigung der Anfangsbedingung $f(3) = -2$.

6.C Die Funktion $f: \mathbb{R} \to \mathbb{R}$, $x \to f(x) = y$ erfüllt die Differentialgleichung
$y' - xe^x y = 0$.
Bestimmen Sie f durch Lösung der DGl unter Berücksichtigung der Anfangsbedingung $f(0) = e$.

6.D Die Funktion $f: \mathbb{R} \mapsto \mathbb{R}$, $x \mapsto f(x) = y$ erfüllt die inhomogene Differentialgleichung
$$xy' + y = x^2 + 1$$
Bestimmen Sie f durch Lösen der Differentialgleichung unter Berücksichtigung der Anfangsbedingung $f(3) = 0$.

6.E Eine Funktion $Y : [0, \infty[\mapsto \mathbb{R}$ beschreibt den Absatz $Y = Y(t)$ eines Produktes im Zeitablauf. Die Elastizitätsfunktion
$$\epsilon_{Y,t}(t) := \frac{Y'(t)}{Y(t)} t \quad \text{sei wie folgt gegeben:}$$
$$\epsilon_{Y,t}(t) = \frac{t}{8+3t}.$$
Bestimmen Sie die Absatzfunktion $Y(t)$ durch Lösung der hieraus resultierenden Gleichung
$$\int \frac{Y'(t)}{Y(t)}\, dt = \int \frac{1}{8+3t}\, dt.$$
Dabei beträgt zur Zeit $t=0$ der Absatz $Y(0) = 2$.

6.F Die Funktion $f: \mathbb{R} \mapsto \mathbb{R}$, $x \mapsto f(x) = y$ erfüllt die inhomogene Differentialgleichung

$$\frac{y' - e^x}{y} = 1$$

Bestimmen Sie f durch Lösen der Differentialgleichung unter Berücksichtigung der Anfangsbedingung $f(0) = 1$.

Lösungsvorschläge zu 6:

6.A In der Aufgabenstellung ist die Differentialgleichung bereits so umgestellt, daß die beiden Seiten der Gleichung nur noch integriert werden müssen:

$$\int \frac{dy}{y} = \int (2x+2) \, dx$$

$$\Leftrightarrow \ln|y| = x^2 + 2x + c$$

Auf der linken Seite sind die Betragsstriche zu beachten. Der Logarithmus ist nur für positive Argumente definiert. Die beiden Integrationskonstanten wurden zu einer neuen Integrationskonstanten zusammengefaßt. Die Gleichung wird nach y aufgelöst:

$\ln|y| = x^2 + 2x + c \mid e^{\hat{}}$

$\Leftrightarrow |y| = e^{x^2+2x+c}$

$\Leftrightarrow y = \pm e^{x^2+2x} * e^c$

$\Leftrightarrow y = e^{x^2+2x} * k$ mit der neuen Konstanten $k = \pm e^c$

Setzt man nun die Anfangsbedingung für x und y ein, ergibt sich:

$1 = e^{(-1)^2+2(-1)} * k \quad \Leftrightarrow \quad 1 = e^{-1} * k \mid *e$

$\Leftrightarrow k = e$

Dieser Wert muß in die allgemeine Lösung eingesetzt werden, um die spezielle Lösung zu erhalten:

$\Rightarrow y = e^{x^2+2x} * e \quad \Leftrightarrow \quad y = e^{x^2+2x+1}$

6.B $y' = \dfrac{y}{x+5} \quad \Leftrightarrow \quad \dfrac{dy}{dx} = \dfrac{y}{x+5} \quad \mid *dx \; /y$

Nun werden die Terme nach x und y sortiert und anschließend wird die sich ergebende Gleichung integriert:

$\Leftrightarrow \quad \dfrac{dy}{y} = \dfrac{dx}{x+5}$

$$\Leftrightarrow \int \frac{dy}{y} = \int \frac{dx}{x+5}$$

$\Leftrightarrow \ln|y| = \ln|x+5| + c \quad | e^{\hat{}}$

$\Leftrightarrow |y| = e^{\ln|x+5| + c} \quad \Leftrightarrow |y| = e^{\ln|x+5|} * e^c$

$\Leftrightarrow |y| = |x+5| * e^c \quad \Leftrightarrow y = \pm(x+5) * e^c$

e^c kann, da c frei aus $\mathbb{R}$ wählbar ist, alle Werte aus $\mathbb{R}^+$ annehmen. $\pm e^c$ kann somit alle Werte aus $\mathbb{R}$ ohne Null annehmen. Diese Konstante wird nun sinnvollerweise umbenannt:

$\pm e^c = k$

$\Rightarrow y = (x+5) * k$

Dieses ist die allgemeine Lösung der Differentialgleichung. Um die spezielle Lösung unter der gegebenen Anfangsbedingung zu ermitteln, muß die Anfangsbedingung in die Lösung eingesetzt werden. Somit ergibt sich für k bei der speziellen Lösung (für x 3 und für y -2 in die allgemeine Lösung einsetzen):

$\Leftrightarrow -2 = (3+5) * k$

$\Leftrightarrow k = -0,25$

Die spezielle Lösung lautet:

$y = -0,25(x+5)$

6.C $y' - xe^x y = 0 \quad \Leftrightarrow \quad \frac{dy}{dx} = xe^x y$

$\Leftrightarrow \frac{dy}{y} = xe^x dx$

$\Leftrightarrow \int \frac{dy}{y} = \int xe^x dx$

Das hintere Integral muß mit der Regel für partielle Integration gelöst werden, es gilt:

$\int f'g = fg - \int fg'$

Sei nun $f'(x) = e^x$ und $g(x) = x$, daraus folgt

$f(x) = e^x$ und $g'(x) = 1$

$\Rightarrow \int xe^x dx = xe^x - \int e^x dx = xe^x - e^x + c = (x-1)e^x + c$

Für die Lösung der Differentialgleichung ergibt sich somit:

$\ln|y| = (x-1)e^x + c \quad | e^{\hat{}}$

$\Leftrightarrow |y| = e^{(x-1)e^x} e^c$

$\Leftrightarrow y = \pm e^{(x-1)e^x} e^c = e^{(x-1)e^x} * k$

Für die spezielle Lösung folgt (x=0 und y=e einsetzen):

$e = e^{(0-1)e^0} * k \Leftrightarrow e = e^{-1}k \mid *e$

$\Leftrightarrow e^2 = k$

Somit lautet die spezielle Lösung:

$y = e^{(x-1)e^x} * e^2 = e^{(x-1)e^x+2}$

6.D Hier kann die Formel zur Lösung von inhomogenen linearen Differentialgleichungen erster Ordnung benutzt werden. Diese lautet für Differentialgleichungen der folgenden Form:

$y' + p(x)*y = r(x)$

$y = e^{(-P(x)+P(x_0))} * \left(y_0 + \int_{x_0}^{x} r(t) * e^{(P(t)-P(x_0))} dt \right)$

Bei den Ausdrücken im Integral wurde x durch t ersetzt. Mit der angeführten Formel erhält man als Ergebnis direkt die spezielle Lösung. Alternativ kann man auch mit einer anderen, ewas einfacheren Formel zunächst die allgemeine Lösung und dann durch Einsetzen der Anfangsbedingung die spezielle Lösung ermitteln.

Die Differentialgleichung muß erst in die entsprechende Form gebracht werden:

$xy' + y = x^2 + 1 \mid /x \Leftrightarrow y' + \frac{1}{x} y = \frac{x^2+1}{x}$

Der Term vor dem y ist p(x). Für P(x) ergibt sich somit:

$P(x) = \int p(x)dx = \int \frac{1}{x} dx = \ln|x| \qquad \Rightarrow P(t) = \ln|t|$

r(x) ist der Term auf der rechten Seite: $\frac{x^2+1}{x} \Rightarrow r(t) = \frac{t^2+1}{t}$

Unter Berücksichtigung der Anfangsbedingungen ($x_0=3$, $y_0=0$) ergibt sich aus der Formel:

$y = e^{(-\ln|x|+\ln 3)} * \left(0 + \int_{3}^{x} \frac{t^2+1}{t} * e^{(\ln|t|-\ln 3)} dt \right)$

$\Leftrightarrow y = e^{-\ln|x|} * e^{\ln 3} * \int_{3}^{x} \frac{t^2+1}{t} * e^{\ln|t|} * e^{-\ln 3} \, dt$

$\Leftrightarrow y = (e^{\ln|x|})^{-1} * 3 * \int_3^x \frac{t^2+1}{t} * |t| * (e^{\ln 3})^{-1} dt$

$\Leftrightarrow y = \pm 3x^{-1} * \int_3^x \frac{t^2+1}{t} * t * 3^{-1} dt$

$\Leftrightarrow y = \pm x^{-1} * \int_3^x t^2 + 1 \, dx$

$\Leftrightarrow y = \pm x^{-1} * [\frac{1}{3}t^3 + t]_3^x$

$\Leftrightarrow y = \pm x^{-1} * (\frac{1}{3}x^3 + x - (\frac{1}{3}3^3 + 3))$

$\Leftrightarrow y = \pm(\frac{1}{3}x^2 + 1 - 12x^{-1})$

6.E $\int \frac{Y'(t)}{Y(t)} dt = \int \frac{1}{8+3t} dt$.

Das linke Integral sieht komplizierter aus, als es ist, denn der gegebene Quotient ergibt sich gerade als Ableitung von $\ln|Y(t)|$. Die äußere Ableitung von $\ln|Y(t)|$ ist $1/Y(t)$ und die innere Ableitung $Y'(t)$.

$\Leftrightarrow \ln|Y(t)| = \frac{1}{3} \ln|8 + 3t| + c \,|e^{\wedge}$

$\Leftrightarrow |Y(t)| = e^{\frac{1}{3}\ln|8+3t| + c} = (e^{\ln|8+3t|})^{\frac{1}{3}} * e^c = |8+3t|^{\frac{1}{3}} * e^c$

$\Leftrightarrow Y(t) = k(8 + 3t)^{\frac{1}{3}}$ mit $k = \pm e^c$

Für die spezielle Lösung folgt nun:

$2 = k(8 + 3*0)^{\frac{1}{3}} \Leftrightarrow 2 = 2k \Leftrightarrow k = 1$

$\Rightarrow Y(t) = (8 + 3t)^{\frac{1}{3}}$

6.F $\qquad \frac{y' - e^x}{y} = 1$

Hier handelt es sich um eine inhomogene lineare Differentialgleichung erster Ordnung. Die Lösung wird wie bei Aufgabe 4.D mittels der Lösungsformel ermittelt:

$\Leftrightarrow y' - e^x = y \Leftrightarrow y' - y = e^x$

$\Rightarrow p(x) = -1 \Rightarrow P(x) = -x \qquad r(x) = e^x$

$y = e^x * (1 + \int_0^x e^t * e^{-t} dt) \qquad \Leftrightarrow y = e^x * (1 + \int_0^x 1 dt)$

$\Leftrightarrow y = e^x * (1 + [t]_0^x) \qquad\qquad \Leftrightarrow y = e^x * (1 + x)$

7 Finanzmathematik

7.A Welche Alternative ist bei einem Zinssatz von 5% günstiger?

1. Sie erhalten sofort 1.000 DM.

2. Sie erhalten sofort 400 DM und nach Ablauf von einem sowie zwei Jahren erneut jeweils 400 DM.

Begründen Sie Ihre Entscheidung.

7.B Auf einem Sparvertrag werden 15 Jahre lang 6.000 DM jeweils zum Jahresende eingezahlt. Der vereinbarte Zinssatz beträgt 8,25% p.a. In den nachfolgenden 20 Jahren soll bei einem Zinssatz von 5,75% p.a. eine konstante, vorschüssige Jahresrente gezahlt werden. Wie hoch ist diese Jahresrente, wenn das angesparte Kapital vollständig verbraucht wird?

7.C Ein Arbeitnehmer möchte mit Eintritt in den Ruhestand für 20 Jahre eine vorschüssige Jahresrente von 6.000 DM ausgezahlt bekommen. Das hierfür erforderliche Kapital soll im Lauf von 15 Jahren durch nachschüssig gezahlte Jahresbeträge angespart werden. Zu Beginn der Ansparperiode werden einmalig 10.000 DM eingezahlt. Wie hoch sind die einzuzahlenden Jahresbeträge, wenn der Zinssatz während der gesamten Laufzeit 6% beträgt?

7.D Für die Rückzahlung einer zum 01.01.92 aufgenommenen Hypothek sind 15 vorschüssige Annuitäten R = 25.019,73 DM vereinbart worden. Die erste Zahlung soll zum 01.01.95 erfolgen, der Zinssatz beträgt 8,25% p.a.

a) Wie hoch ist die Hypothek?

b) Durch welche Restzahlung könnte die Schuld per 31.12.2004 abgelöst werden?

Lösungsvorschläge zu 7:

7.A Hier berechnet man am einfachsten den Barwert. Denn für die erste Alternative sind die 1.000 DM ja gerade der Barwert. Die Zahlungen der zweiten Alternative müssen abgezinst werden. Da es sich hier um sehr wenig Zahlungen handelt, kann man auch ohne Formeln arbeiten. Für den Barwert der zweiten Alternative ergibt sich:

$$B_2 = 400 + \frac{400}{1.05} + \frac{400}{1.05^2} = 1.143{,}76$$

Der Barwert der zweiten Alternative ist also deutlich höher, so daß diese vorzuziehen ist.

7.B Hier kann die Berechnung in zwei Schritten erfolgen. Zunächst kann der Endwert des Sparvertrages berechnet werden:

$$E_{Sp} = 6000 * \frac{1.0825^{15} - 1}{1.0825 - 1} = 16.611{,}7575$$

Dieses Kapital soll nun durch die Rentenzahlungen über 20 Jahre vollständig aufgebraucht werden. Somit stellt es den Barwert der Rentenzahlungen dar. Da die Renten vorschüssig gezahlt werden, ergibt sich:

$$B_{Re} = 166117{,}575 = R * \frac{1}{1.0575^{19}} * \frac{1.0575^{20} - 1}{1.0575 - 1}$$

$$\Leftrightarrow R = 13.418{,}77 \text{ DM}$$

7.C Das nach 15 Jahren angesparte Kapital soll gerade 20 Jahre lang vorschüssige Zahlungen von jährlich 6.000 DM ergeben. Hierfür werden einerseits 10.000 DM angelegt und andererseits ein Betrag X jährlich gespart. Somit ergibt sich für das Kapital nach 15 Jahren:

$$K_{15} = 10.000 * 1.06^{15} + X * \frac{1.06^{15} - 1}{1.06 - 1}$$

Dieses Kapital soll dann der Barwert von 20 vorschüssigen Raten über jeweils 6.000 DM sein:

$$10.000 * 1.06^{15} + X * \frac{1.06^{15} - 1}{1.06 - 1} = 6.000 * \frac{1}{1.06^{19}} * \frac{1.06^{20} - 1}{1.06 - 1}$$

Diese Gleichung kann nun nach X aufgelöst werden:

$$X = (6.000 * \frac{1}{1.06^{19}} * \frac{1.06^{20}-1}{1.06-1} - 10.000 * 1.06^{15}) * \frac{1.06-1}{1.06^{15}-1}$$

$$\Leftrightarrow X = 2.104{,}45 \text{ DM}$$

7.D

a) Als Endwert ergibt sich für die 15 vorschüssigen Raten:

$$E = R\,\frac{q^n - 1}{q - 1} = 1{,}0825 * 25.019{,}73\,\frac{1{,}0825^{15} - 1}{1{,}0825 - 1} = 749.850{,}79$$

Die Höhe der Hypothek ist der auf den 1.1.92 abgezinste Wert der Ratenzahlungen. Es muß also um **18 Jahre** abgezinst werden.

$$749.850{,}79 * \frac{1}{1{,}0825^{18}} = 180.000$$

Die Hypothek beträgt 180.000,- DM.

b) Am 31.12.2004 stehen noch 5 vorschüssige Zahlungen aus. Gesucht ist der Barwert der restlichen Zahlungsreihe zum 31.12.2004.

$$B = R\,\frac{1}{q^n}\,\frac{q^n - 1}{q - 1}$$

$$= 1{,}0825 * 25.019{,}73\,\frac{1}{1{,}0825^5}\,\frac{1{,}0825^5 - 1}{1{,}0825 - 1} = 107.429{,}18$$

Die Restzahlung müßte 107.429,18 DM betragen.

Oberstufenmathematik leicht gemacht

Band 1:
Differential- und Integralrechnung

Ein Buch für alle Studierenden, die große Defizite in Mathematik haben, oder zum Weiterempfehlen für Schülerinnen und Schüler der Oberstufe..

Dieses Buch versucht die mathematischen Zusammenhänge möglichst anschaulich zu vermitteln. Deshalb sind die Darstellungen sehr ausführlich und durch zahlreiche Abbildungen verdeutlicht. Aufgebaut wird nur auf den Mathematikkenntnissen, die die meisten Schülerinnen und Schüler in der Oberstufe tatsächlich haben. Bei der Darstellung des Stoffes wird also berücksichtigt, daß auch manch ein Begriff aus der Mittelstufe noch erklärungsbedürftig ist, wenn dieser benutzt wird. So werden z.B. Exponentialfunktionen und Logarithmen relativ ausführlich erklärt.

mit zahlreichen Abbildungen und Beispielaufgaben

16,80 DM
224 Seiten
ISBN 3-939737-02-7

"Ein übersichtliches und klares Werk, überzeugend durch recht ausführliche Erläuterungen und andererseits den Mut zur inhaltlichen Beschränkung."

Besprechung der Einkaufszentrale für öffentliche Bibliotheken

Index

A
abelsche Gruppe	34
Ableitung	86
Ableitungsmatrix	116
adjungierte Matrix	20, 37
allgemeine Lösung	119
Anfangsbedingung	118
Annuität	123
Assoziativgesetz	9

B
Barwert	124
Basis	25, 26, 31, 32
Basisvektor	31
Betrag	71

C
charakteristischer Quotient	65, 66

D
definit	104
Definitionsbereich	80
Definitionsmenge	77, 86, 89, 95
det	37
Determinante	20, 22, 24, 31, 43, 44, 48, 102
Differential	99
Differentialgleichung	118, 119, 120
Dimension	25, 26, 32, 33
Dreiecksform	49
Durchschnittsertrag	76, 80

E
Eigenwert	60
Einheitsmatrix	11, 20
Elastizitätsfunktion	118
Endwert	125
erweiterte Koeffizienten-Matrix	51
explizite Matrixdefinition	6
Extremwerte	76, 80, 101, 107

F
Falksches-Schema	8

G
Gauß-Algorithmus	46, 47, 49, 50, 57, 110, 112, 114
Geradengleichung	53
Gleichungssystem	33, 49, 60
globales Extremum	78
Gradient	98, 99
Grenzproduktivität	76, 80
Grenzwerte	70, 71, 72, 87
Grenzwertsätze	72
Gruppe	34

H
Hauptdiagonale	22, 39
Hessematrix	101, 104
Hochpunkt	77, 78, 111
homogenes Gleichungssystem	23
Hurwitz-Kriterium	102

I
inhomogene Differentialgleichung	118, 119
Integral	88, 90, 120
Integralfunktion	76
Integrationskonstante	119
Inverse	20, 37, 39, 42, 45
inverses Element	34
invertierbar	17, 40
Invertieren	37

K
Kapazitätsbeschränkung	63
Kettenregel	95, 115
klassifizieren von Extrema	76
Koeffizientenmatrix	23
Körper	26
kommutativ	15, 34

L
l´Hospital	71, 72, 73, 87
Lagrange-Ansatz	106
Lagrangefunktion	108, 110, 111
Lagrangeparameter	108
Lagrangetechnik	106
linear abhängig	21, 62
linear unabhängig	31, 62

Lineare Optimierung	63
lineares Gleichungssystem	49
Linearkombination	21, 25, 32, 33
Lösbarkeitsbedingung für LGS	57
Lösungsmenge	54
lokale Extrema	76

M

Matrizen	7, 11, 33, 52
Matrizengleichung	14, 18
Matrizenprodukt	8, 18
Maximierungsproblem	63
Maximum	78, 80, 104
mehrdimensionale Kettenregel	115, 117
Minimum	78
mögliche Extremstelle	104
monoton steigend	83

N

Nebendiagonale	22, 39
negativ definit	104
neutrales Element	34
nichtsingulär	17
Nulllösung	23
Nullstellen	60, 78, 80, 81
Nullvektor	34, 35

P

partielle Ableitung	99, 101, 108
partielle Integration	92
Pivotelement	66
Pivotspalte	65, 66, 67, 68
Pivotzeile	66, 68
Polstelle	72
Polynomdivision	72
Produktregel	81, 92, 98
Punkt-Richtungsform	53

Q

quadratische Ergänzung	43, 78
quadratische Gleichung	43
Quotientenregel	86, 98

R

Randextrema	77, 80, 83
Rang	23, 32, 37, 38, 44, 47, 48, 58
Regel von l'Hospital	71
reguläre Matrix	46
Richtungsvektor	53

S

Sattelpunkt	81, 101
Schlupfvariable	64
Simplexalgorithmus	64
singuläre Matrix	37, 46
Skalarmultiplikation	27
Spaltenvektor	22
spezielle Lösung	119
Stammfunktion	88, 90, 92, 95
stationäre Stellen	107, 113
stetig	86, 87
Substitution	90, 91, 92, 93
symmetrische Matrix	14

T

Tiefpunkt	78, 82, 84, 111
totales Differential	97
transponiert	19
Transposition	16

U

Umkehrfunktion	86, 91
unterbestimmte Gleichungssysteme	51
Unterdeterminante	20
Unterraum	35

V

Vektoren	32
Vektorgleichung	23, 51
Vektorraum	25, 26, 27, 32
Vektorraumaxiome	34
Vorzeichenschema	20
Vorzeichenwechsel	81, 82

Z

Zeilen-Stufen-Form	52, 57
Zeilenumformungen	41
Zeilenvektor	22
Zielfunktion	63
zweifach unterbestimmtes LGS	56